平面设计师的私房菜

你无法绕开的第一本
CorelDRAW
实战技能宝典

陆　沁　时延辉　张　杰　主编

U0214778

清华大学出版社
北京

内 容 简 介

这是一本案例中穿插理论的实用型书，全方位地讲述了CorelDRAW软件的各个功能和用于商业性质的案例。全书共分为12章，具体内容包括基础知识及操作、直线与曲线的应用、几何图形的应用、图形与对象的编修、填充与描边、对象之间的修整、艺术笔与度量、特殊效果的创建、位图操作、特效文字的制作、企业形象设计、UI设计与制作等内容。本书涵盖了日常工作中所用到的全部工具与命令，并涉及平面设计行业中的常见任务。

本书附赠案例的素材文件、效果文件、PPT课件和视频教学文件，方便读者在学习的过程中参考使用，以便提高读者的学习兴趣、实际操作能力以及工作效率。

本书着重以案例的形式讲解软件功能和商业应用案例，针对性和实用性较强。本书既可作为各大院校、培训机构的教学用书，也可作为读者自学CorelDRAW的参考用书。

图书在版编目（CIP）数据

你无法绕开的第一本CorelDRAW实战技能宝典 / 陆沁，时延辉，张杰主编 . —北京：清华大学出版社，2021.6

（平面设计师的私房菜）

ISBN 978-7-302-57751-5

Ⅰ . ①你⋯   Ⅱ . ①陆⋯ ②时⋯ ③张⋯   Ⅲ . ①平面设计—图形软件   Ⅳ . ① TP391.412

中国版本图书馆 CIP 数据核字 (2021) 第 050877 号

责任编辑：秦　甲　韩宜波
封面设计：李　坤
责任校对：李玉茹
责任印制：沈　露

出版发行：清华大学出版社
　　　　网　　　址：http://www.tup.com.cn，http://www.wqbook.com
　　　　地　　　址：北京清华大学学研大厦 A 座　　　　　　　　邮　　编：100084
　　　　社 总 机：010-62770175　　　　　　　　　　　　　　邮　　购：010-62786544
　　　　投稿与读者服务：010-62776969，c-service@tup.tsinghua.edu.cn
　　　　质 量 反 馈：010-62772015，zhiliang@tup.tsinghua.edu.cn
印 装 者：小森印刷（北京）有限公司
经　　销：全国新华书店
开　　本：185mm×260mm　　　　　印　　张：19.5　　　字　　数：471 千字
版　　次：2021 年 6 月第 1 版　　　印　　次：2021 年 6 月第 1 次印刷
定　　价：99.00 元

产品编号：047404-01

前　言

当您正徘徊在如何快速又能简单地学习 CorelDRAW 时，那么恭喜您翻开这本书！您找对了！市场上大量的 CorelDRAW 书籍，要么是理论类型的，要么是单纯案例形式的。

本系列图书开发的初衷是兼顾理论与实践，所以在内容上通过案例的形式来展现每章的知识点，在讲解案例实战的同时，将软件的功能安排在实战点上，让读者能够真正做到完成案例的同时掌握软件的功能。本书针对初学者，因此内容方面兼顾 CorelDRAW 的基础功能，每个案例中包含实例思路、实例要点、操作步骤技巧和提示等内容，从而极大地丰富了每个案例的知识功能和技术范围。

CorelDRAW 软件是由加拿大 Corel 公司推出的一款功能十分强大的平面设计软件，该软件拥有丰富多彩的内容和非常专业的平面设计能力，是集图形设计、文字编辑、排版于一体的大型矢量图制作软件，也是在平面设计方面比较受欢迎的软件之一。

随着计算机技术的进步，软件的更新速度也加快了脚步，一本与之版本相对应的书籍会在软件升级后而变得落伍，新版本的书也会很快铺满市场，如果选择购买，一年或两年后又会遭到淘汰，此时您的心情必然会变得很糟，甚至对 CorelDRAW 都失去了以往的激情。本着对读者负责的态度，我们反复考察用户的需求，特意为不想总去书店购买新版本书籍的人士推出了本书。本书最大的优点就是突破版本限制和将理论与实战相互融合，对于计算机中无论安装的是老版本还是新版本 CorelDRAW 的读者而言，完全不会受到软件上的限制。跟随本书的讲解大家可以非常轻松地实现举一反三，从而以最快的速度把您带到 CorelDRAW 的奇妙世界。

基于 CorelDRAW 在平面设计行业的应用程度之高，所以我们编写本书时分成了软件和商业案例两个部分，通过案例介绍 CorelDRAW 软件的各个功能及商业案例的制作步骤。本书的作者有着多年的丰富教学经验与实际工作经验，在编写本书时最希望能够将自己实际授课和作品设计制作过程中积累下来的宝贵经验与技巧展现给读者。希望读者能够在体会 CorelDRAW 软件强大功能的同时，把各个主要功能的使用、矢量图绘制和创意设计应用到自己的作品中。

本书特点

本书内容由浅入深，每章的内容都丰富多彩，力争运用大量的实例涵盖 CorelDRAW 中全部的知识点。本书具有以下特点：

● 内容全面，几乎涵盖了 CorelDRAW 中的所有知识点。本书由具有丰富教学经验的设计师编写，从平面设计、矢量图绘制的一般流程入手，逐步引导读者学习软件和案例制作的各种技能。

● 语言通俗易懂，前后呼应，以最小的篇幅、最易读懂的语言来讲解每一个案例，以及案例中穿插的功能与技巧，让您学习起来更加轻松，阅读更加容易。

● 书中把许多的重要工具、重要命令都精心地放置到与之相对应的案例中，让您在不知不觉中学习到案例的制作方法和软件的操作技巧。

● 注重技巧的归纳和总结。使读者更容易理解并掌握，从而方便知识点的记忆，进而能够举一反三。

● 全视频教学，学习轻松方便，使读者像看电影一样记住其中的知识点。本书配备所有案例的多媒体视频教程、案例最终源文件、素材文件、教学 PPT 和课后习题。

本书内容安排

第 1 章为基础知识及操作。主要讲述矢量图与位图、CorelDRAW 软件的界面、文件的新建和打开、导入图片、保存文件、关闭文件、页面设置、视图查看方式、标尺、参考线等。

第 2 章为直线与曲线的应用。在日常生活中使用的绘图工具，如直尺、圆规等，可以很容易地绘制出直线和曲线。在 CorelDRAW 软件中如何绘制直线、曲线呢？本章我们将通过实例具体讲解。

第 3 章为几何图形的应用。我们日常生活中接触的很多图形，无论表面看起来多么复杂或简单，其实都是由方形、圆形、多边形演变而来的，本章主要介绍在 CorelDRAW 软件中绘制这些基本几何图形的方法。

第 4 章为图形与对象的编修。使用 CorelDRAW 软件绘制直线、曲线或形状后，并不是所有图形都能直接使用，后期的编修是必不可少的。编修可以通过命令或工具来完成，使用工具可以更加直观地为绘制的对象进行精细的调整和编辑。

第 5 章为填充与描边。主要讲述在 CorelDRAW 中颜色填充的方法与技巧，任何一个图形，如果没有经过填充和修饰，那么它就是一个空架子。颜色可以激发人的情感，创建完美的颜色搭配可以使图像显示得更加美丽，为图形设置个性的轮廓同样可以起到画龙点睛的作用。

第 6 章为对象之间的修整。主要讲述对象的对齐、分布、排列、群组、透镜、图框精确剪裁，以及结合对象、拆分对象、相交、修剪、简化等操作技法。

第 7 章为艺术笔与度量。主要通过实例讲述艺术笔工具和度量工具的使用方法与技巧。

第 8 章为特殊效果的创建。主要讲述各种特效工具的操作方法和使用技巧，既可为图形创建调和效果、轮廓图效果、阴影效果、块阴影、立体化效果以及变形效果等，还可以通过"添加透视点""斜角"等命令创建对象的特殊效果。

第 9 章为位图操作。CorelDRAW 软件对于位图的处理同样拥有十分强大的功能。不仅可以编辑位图，还可以为位图增加很多特殊的滤镜效果，从而制作出精美的作品。

第 10 章为特效文字的制作。主要讲述 CorelDRAW 对文字部分的编辑与应用，让大家了解平面设计中文字的魅力。

第 11 章为企业形象设计。主要讲述进行企业形象设计时应该了解的内容。商业案例包括标志设计、名片设计、纸杯设计、工作 T 恤设计、工作优盘设计。

第 12 章为 UI 设计与制作。主要讲述 UI 界面的分类、色彩基础、设计原则以及商业案例的制作。

本书读者对象

本书主要面向初级读者，以案例的形式讲解软件的强大功能和操作方法，内容讲解由浅入深、循序渐进，能使初学者轻松入门，既可作为各大中专院校及培训机构的教学用书，也可作为读者自学 CorelDRAW 的参考用书。

本书由陆沁、时延辉、张杰主编，其他参与编写的人员还有王红蕾、芦宁、付强、吴国新、戴时影、刘绍婕、张叔阳、尚彤、葛久平、孙倩、殷晓峰、谷鹏、胡渤、刘冬美、赵頔、董涛、曹培强、曹培军等，在此表示感谢。

本书提供了实例的素材、源文件和视频文件，以及 PPT 课件，扫一扫下面的二维码，推送到自己的邮箱后下载获取。

由于作者水平有限，书中难免有疏漏和不妥之处，恳请广大读者批评、指出。

编　者

目 录
contents

第 1 章

基 础 知 识 及 操 作

本章主要讲解矢量图与位图，CorelDRAW 2018 软件的界面，文件的新建、打开，导入图片，保存文件，关闭文件，页面设置，视图查看方式，标尺，参考线等。使读者对 CorelDRAW 整个工作窗口和操作中的一些基础知识有一个初步了解，方便读者后面的学习。

本章内容

▶▶ 认识矢量图与位图

▶▶ 认识工作界面

▶▶ 新建文档

▶▶ 打开文档

▶▶ 导入素材

▶▶ 导出文档

▶▶ 视图查看方式

▶▶ 不同模式的显示效果

▶▶ 页面设置

▶▶ 存储、关闭文件

实例 1　认识矢量图与位图

实例思路

　　无论使用哪个设计软件，都应该对图像处理中涉及的位图与矢量图的知识进行一下了解。

实例要点

▶ 矢量图的概念　　　　　　　　　　　▶ 位图的概念

什么是矢量图

　　矢量图像是使用数学方式描述的曲线，以及由曲线围成的色块组成的面向对象的绘图图像。矢量图像中的图形元素叫作对象，每个对象都是独立的，具有各自的属性，如颜色、形状、轮廓、大小和位置等。由于矢量图形与分辨率无关，因此无论如何改变图形的大小，都不会影响图形的清晰度和平滑度，如图 1-1 所示。

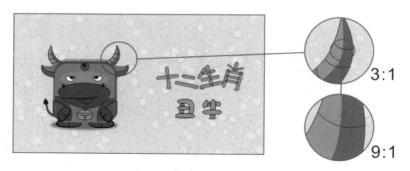

图 1-1　矢量图放大后的效果

> 提示：矢量图进行任意缩放都不会影响分辨率，矢量图形的缺点是不能表现色彩丰富
> 　　　的自然景观与色调丰富的图像。

什么是位图

　　位图图像也叫作点阵图，是由许多不同色彩的像素组成的。与矢量图形相比，位图图像可以更加逼真地表现自然界的景物。此外，位图图像与分辨率有关，当放大位图图像时，位图中的像素增加，图像的线条将会显得参差不齐，这是像素被重新分配到网格中的缘故。此时可以看到构成位图图像的无数个单色块，因此放大位图或在比图像本身的分辨率低的输出设备上显示位图时，将丢失其中的细节，并会呈现出锯齿状效果，如图 1-2 所示。

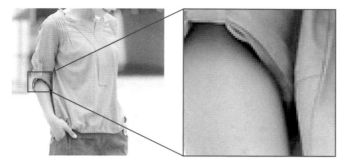

图 1-2　位图放大后的效果

技巧：如果希望位图图像放大后边缘保持光滑，就必须增加图像中的像素数目，此时图像占用的磁盘空间就会加大。而矢量图就不会出现增加磁盘空间的麻烦。

实例 2　认识工作界面

实例思路

任何图形图像软件在进行创作时都不会绕过软件的工作界面，打开软件后，可以通过"新建"或"打开"命令来显示整体的工作界面，本例是通过"打开"命令打开如图 1-3 所示的"使用 CorelDRAW 制作化妆品杂志广告最终效果"，以此来认识 CorelDRAW 2018 的工作界面。

图 1-3　打开的素材

实例要点

▶▶ "打开"命令的使用　　　　　　　▶ 界面中各个功能的介绍

（操作步骤）- -

步骤01 执行菜单栏中的"文件/打开"命令，打开随书附带的"素材\第1章\使用CorelDRAW 制作化妆品杂志广告最终效果"文件，整个CorelDRAW 2018的工作界面如图1-4所示。

图 1-4　工作界面

步骤02 标题栏位于 CorelDRAW 2018 操作页面的最顶端，显示了当前运行程序的名称和打开文件的名称，最左边显示的是软件图标和名称，单击该图标可以打开控制菜单，通过此菜单可以移动、关闭、放大或缩小窗口；右边三个按钮分别为"最小化""最大化/还原""关闭"按钮。

步骤03 菜单栏在默认情况下位于标题栏的下方，它由"文件""编辑""查看""布局""对象""效果""位图""文本""表格""工具""窗口""帮助"十二类菜单组成，包含了操作过程中需要的所有命令，单击可弹出下拉菜单，如图1-5所示。

图 1-5　菜单栏

> 技巧: 如果菜单中的命令呈灰色，表示该命令在当前编辑状态下不可用；如果在菜单右侧有一个三角符号 ▶，则表示此菜单包含子菜单，只要将鼠标指针移动到该菜单上，即可打开其子菜单；如果在菜单右侧有省略号 "…"，则执行此菜单项目时将会弹出与之有关的对话框。

步骤04 标准工具栏是由一组图标按钮组合而成的，在默认情况下，标准工具栏位于菜单栏的下方，其作用就是将菜单中一些常用的命令选择按钮化，以便于用户快捷操作，如图1-6所示。

图 1-6　标准工具栏

其中的各项含义如下。

- （新建）按钮：单击此按钮，可以新建一个 CorelDRAW 工作文件。
- （打开）按钮：单击此按钮，会弹出"打开绘图"对话框，让用户选择需要打开的文件。
- （保存）按钮：单击此按钮，可以将当前操作的 CorelDRAW 进行保存。
- （打印）按钮：单击此按钮后，会出现"打印"对话框，在该对话框中可以设置打印机的相关参数。
- （剪切）按钮：单击此按钮，可以将选中的内容剪切到 Windows 的剪贴板中。
- （复制）按钮："复制"和"粘贴"是相辅相成的一对按钮，单击此按钮可以复制选中的对象。
- （粘贴）按钮：可以将复制后的对象粘贴到需要的位置。
- （撤销）按钮：可将错误的操作取消，在下拉菜单中可以选择要撤销的步骤。
- （重做）按钮：如取消的步骤过多，可用此按钮进行恢复。
- （搜索内容）：使用 Corel Connect 泊坞窗搜索剪贴画、照片或字体。
- （导入）按钮：单击此按钮，可以将非 CorelDRAW 格式的文件导入到 CorelDRAW 窗口中。
- （导出）按钮：可以将 CorelDRAW 格式的文件导出为非 CorelDRAW 的格式。
- （发布为 PDF）：将当前文档转换为 PDF 格式。
- 35% （缩放级别）：通过参数的设置，可以调整 CorelDRAW 2018 页面的显示比例。
- （全屏预览）：将当前文档进行全屏显示。
- （显示标尺）：显示或隐藏文档中的标尺。
- （显示网格）：显示或隐藏文档中的网格。
- （显示辅助线）：显示或隐藏文档中的辅助线。
- 贴齐(I)：在此按钮的下拉菜单中，可以为在页面中绘制或移动的对象选择贴齐方式，包括贴齐网格、贴齐辅助线、贴齐对象和贴齐动态辅助线。
- （选项）：单击此按钮，会弹出"选项"对话框，从中可以设置相应选项的属性。
- 启动 （应用程序启动器）：单击右侧的下拉按钮，弹出 CorelDRAW 自带的应用程序。

步骤 05 在默认情况下，属性栏位于标准工具栏的下方。属性栏会根据用户选择的工具和操作状态显示不同的相关属性，用户可以方便地设置工具或对象的各项属性。如果用户没有选择任何工具，属性栏将会显示与整个绘图有关的属性，如图 1-7 所示。

图 1-7　属性栏

步骤 06 文档标签可以将多个文档以标签的形式进行显示，既方便管理，又方便操作。

步骤 07 工具箱是 CorelDRAW 2018 一个很重要的组成部分，位于软件界面的最左边，绘图与编辑工具都被放置在工具箱中。其中有些工具图标的右下方有一个小黑三角形，表示该图标下还隐含着一系列同类按钮，如果选择某个工具，用鼠标直接单击即可。

步骤 08 在 CorelDRAW 中，标尺可以帮助用户确定图形的大小和设定精确的位置，在默认情况下，标尺显示在操作界面的左方和上方。执行菜单栏"视图 / 标尺"命令即可显示或隐藏标尺。

步骤 09 页面导航器位于工作区的左下角，显示了 CorelDRAW 文件当前的页码和总页码，并且通过单击页面标签或箭头，可以选择需要的页面，特别适用于多文档操作。

步骤 10 状态栏位于操作界面的最底部，显示了当前工作状态的相关信息，如被选中对象的简要属性、工具使用状态提示及鼠标坐标位置等信息。

步骤 11 CorelDRAW 2018 的调色板位于操作界面的最右侧，是放置各种常用色彩的区域，利用调色板可以快速地为图形和文字添加轮廓色和填充色。用户也可以将调色板浮动在 CorelDRAW 操作界面的其他位置。

步骤 12 泊坞窗在通常情况下位于 CorelDRAW 操作界面的右侧，如图 1-8 所示。泊坞窗的作用就是方便用户查看或修改参数，在操作界面中可以把泊坞窗浮动在其他任意位置。

图 1-8　泊坞窗

实例 3　新建文档

（实例思路）

让大家了解在 CorelDRAW 2018 中新建文档的方法和创建过程。

（实例要点）

▶ 启动 CorelDRAW 2018　　　　　▶ 新建文档
▶ 打开"创建新文档"对话框　　　　▶ 从模板新建文档

操作步骤

1. 从菜单新建

步骤01 单击桌面左下方的"开始"按钮,在弹出的菜单中将鼠标指针移动到"所有程序"选项上,右侧展开下一级子菜单,再将鼠标指针移至 CorelDRAW Technical Suite 2018 选项上,展开下一级子菜单,最后将鼠标指针移至 CorelDRAW 2018 选项,如图 1-9 所示。

图 1-9　启动菜单

提示:如果在电脑桌面上创建了 CorelDRAW 2018 快捷方式,在 图标上双击,也可快速启动 CorelDRAW 2018。

步骤02 在 CorelDRAW 2018 选项上单击鼠标左键,即可启动 CorelDRAW 2018,如图 1-10 所示,默认系统会打开"CorelDRAW 2018- 欢迎屏幕"界面,如图 1-11 所示。

图 1-10　启动界面　　　　　图 1-11　"CorelDRAW 2018- 欢迎屏幕"界面

图 1-12　"创建新文档"对话框

步骤 03　将光标移动到"新建文档"按钮处，光标变为 🖑 形状时，单击鼠标左键，系统会弹出如图 1-12 所示的"创建新文档"对话框。

其中的各项含义如下。

● 名称：用于设置新建文件的名称。

● 预设目标：用来选择用于本文档的颜色模式。

● 🔲（添加预设）按钮：用来将当前预设添加到预设目标中。

● 🔟（移除预设）按钮：用来将"预设目标"中的某个预设删除。

● 大小：在此下拉列表框中可以选择已经设置好的文档大小，例如 A4、A5、信封等。

● 宽度 / 高度：用于设置新建文档的宽度与高度。单位包括像素、英寸、厘米、毫米、点、派卡、列等。

● 🔲 🔲（横向 / 纵向）按钮：可以将设置的文档以横幅或直幅形式新建，也就是将"宽度"和"高度"互换。

● 页码数：用来设置新建文档的页码数量。

● 原色模式：将文档在 RGB 和 CMYK 颜色模式之间进行选择。

● 渲染分辨率：用来设置新建文档的分辨率。

● 预览模式：用来设置文档的显示视图模式，包括简单线框、线框、草稿、正常、增强和像素模式。

● 不再显示此对话框：选中此复选框后，之后新建文档就会自动按照默认值进行文档创建。

> 技巧：要新建文档可以执行菜单栏中的"文件 / 新建"命令或按 Ctrl+N 组合键。或单击标准工具栏上的"新建"按钮来建立新文件。执行"新建"命令或单击"新建"按钮都会弹出如图 1-12 所示的"创建新文档"对话框。

步骤 04　设置完成后单击"确定"按钮，系统自动新建一个空白文档，如图 1-13 所示。

2. 从模板新建

步骤 01　执行菜单栏中的"文件 / 从模板新建"命令，弹出"从模板新建"对话框，如图 1-14 所示。

步骤 02　在"从模板新建"对话框中选择"类型"或"行业"后，在右侧的模板列表中即可通过模板样式选择新建的文档形式，各个参数设置完成后，单击"打开"按钮，系统便会自动新建一个模板文档，在其中可以对模板进行编辑，如图 1-15 所示。

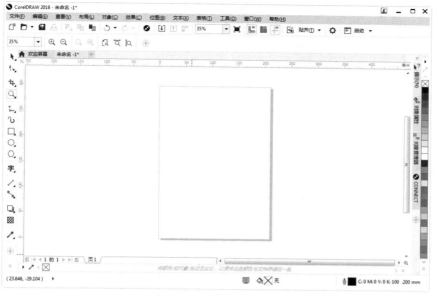

图 1-13　新建的空白文档

图 1-14　"从模板新建"对话框

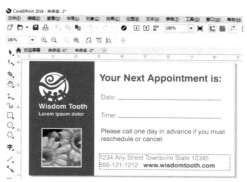

图 1-15　新建的模板文件

实例 4　打开文档

实例思路

以"小兔子 .cdr"文件为例，讲解如何通过执行菜单栏中的"文件 /
打开"命令，将选择的文档打开，如图 1-16 所示。

实例要点

▶ 打开"打开绘图"对话框
▶ 打开"小兔子 .cdr"文件

图 1-16　小兔子文档

操作步骤

步骤 01 打开 CorelDRAW
2018 软件。

步骤 02 执行菜单栏中的
"文件 / 打开"命令或
按 Ctrl+O 组合键，在弹
出的"打开绘图"对话
框中选择"小兔子 .cdr"
文件，如图 1-17 所示。

图 1-17　"打开绘图"对话框

> **技巧**：按 Ctrl+O 组合键，可直接弹出"打开绘图"对话框，快速打开文件；或者在文
> 件名称上双击也可将该文档打开。

步骤 03 单击"打开"按钮，打开"小兔子 .cdr"文件，如图 1-18 所示。

图 1-18　打开"小兔子 .cdr"文件

技巧：高版本的 CorelDRAW 可以打开低版本的 CDR 文件，但低版本的 CorelDRAW 不能打开高版本的 CDR 文件。解决的方法是在保存文件时选择相应的低版本即可。

技巧：安装 CorelDRAW 软件后，系统自动识别 CDR 格式的文件，在 CDR 格式的文件上双击鼠标，无论 CorelDRAW 软件是否启动，都可用 CorelDRAW 软件打开该文件。

实例 5　导入素材

实例思路

在使用 CorelDRAW 绘图时，有时需要从外部导入非 CorelDRAW 格式的图片文件，下面我们将通过实例讲解导入非 CorelDRAW 格式的外部图片的方法。

实例要点

▶ 打开"导入"对话框　　　　　　　　　　▶ 直接拖动图像导入

操作步骤

步骤01 执行菜单栏中的"文件 / 新建"命令，新建一个空白文档。

步骤02 执行菜单栏中的"文件 / 导入"命令，或将鼠标指针移至标准工具栏的 ⊡（导入）按钮上，单击鼠标左键，弹出"导入"对话框，如图 1-19 所示。

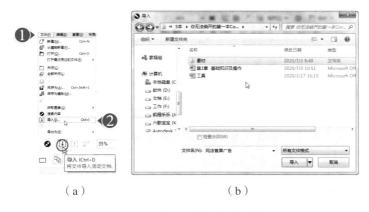

（a）　　　　　　　　　　　（b）

图 1-19　打开"导入"对话框

步骤03 在"导入"对话框的查找路径中，选择本书附带的"素材 \ 第 1 章 \ 网店首屏广告 .jpg"文件，将鼠标指针移动至"网店首屏广告 .jpg"文件上，如图 1-20 所示。

图 1-20　选择导入的图片

> **提示**：将鼠标指针在文件上停留，稍后会在鼠标指针的下方显示该文件的尺寸、类型和大小等信息。

步骤 04 单击"导入"按钮，鼠标指针变为如图 1-21 所示的状态。

> **技巧**：在 CorelDRAW 中通过单击、拖动或按 Enter 键均可导入图片。导入的位图按住 Alt 键拖动可改变比例。

步骤 05 移动鼠标指针至合适的位置，按住鼠标左键拖动，显示一个红色矩形框，在鼠标指针的右下方会显示导入图片的宽度和高度，如图 1-22 所示。

网店首屏广告.jpg
w: 677.333 mm, h: 211.667 mm
单击并拖动以便重新设置尺寸。
按 Enter 可以居中。
按空格键以使用原始位置。

图 1-21　鼠标指针的状态　　　　　　　图 1-22　拖动导入图片

步骤 06 拖动鼠标至合适位置，释放鼠标左键，即可导入图片，如图 1-23 所示。

图 1-23　导入的图片

实例 6　导出文档

（实例思路） ---

　　在 CorelDRAW 中绘制的图形不但可以通过"保存"命令进行存储，读者还可以将绘制完成的或是打开的矢量图存为多种图像格式，这就需要用到"导出"命令。

(实例要点)

▶ 打开文档　　　　　　　　　　▶ 打开"导出"对话框

(操作步骤)

步骤01 执行菜单栏中的"文件/打开"命令或按Ctrl+O组合键，打开一幅矢量图.cdr格式的文档，如图1-24所示。

步骤02 执行菜单栏中的"文件/导出"命令，或者单击标准工具栏上的□（导出）按钮，此时会弹出"导出"对话框，在该对话框中选择需要导出图像的路径，在"保存类型"下拉列表中选择"JPG-JPEG位图"，在"文件名"文本框中输入文件名，如图1-25所示。

图 1-24　打开的文档　　　　　　　　　图 1-25　打开"导出"对话框

其中的各项含义如下。

● 文件名：用于设置导出后的文件名称。

● 保存类型：用来设置导出文件的类型，其中包含各种图片格式，有矢量图，也有位图。

● 只是选定的：选中该复选框，导出的文档只是选取的部分，没有选取的部分不会被导出。

● 不显示过滤对话框：选中该复选框，不会显示具体的设置过滤对话框，会直接将文档导出。

步骤03 单击"导出"按钮，弹出"导出到JPEG"对话框，在其中可以更改图像的大小和图像的分辨率等设置，如图1-26所示。

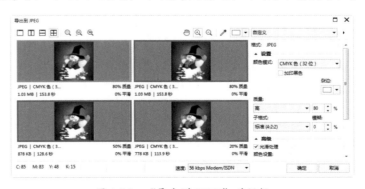

图 1-26　"导出到 JPEG"对话框

步骤 04 单击"确定"按钮，完成导出，如图 1-27 所示。

图 1-27　导出的位图

实例7　视图查看方式

（实例思路）

在绘制图形时，为了方便调整图形的整体和局部效果，可以按需要缩放和调整视图的显示模式。

（实例要点）

▶▶ 使用标准工具栏中的"缩放级别"放大视图

▶▶ 在标准工具栏中的"缩放级别"文本框中输入数值，缩放视图

▶▶ 使用标准工具栏中的"缩放级别 / 到页面"显示

▶▶ 使用标准工具栏中的"缩放级别 / 到页宽"显示

▶▶ 使用标准工具栏中的"缩放级别 / 到页高"显示

▶▶ 运用"缩放工具"单击放大

▶▶ 运用"缩放工具"局部放大

▶▶ 缩放到全部对象

▶▶ 缩放到页面大小

（操作步骤）

步骤 01 执行菜单栏中的"文件 / 打开"命令，弹出"打开绘图"对话框，选择随书附带的"素材 \ 第 1 章 \ 卡通小动物 .cdr"文件，如图 1-28 所示。

图 1-28　打开"卡通小动物 .cdr"文件

步骤 02　在标准工具栏中，单击"缩放级别"右侧的 按钮，在弹出的下拉列表中选择 100% 选项，按 Enter 键，图形在页面中将以 100% 显示，如图 1-29 所示。

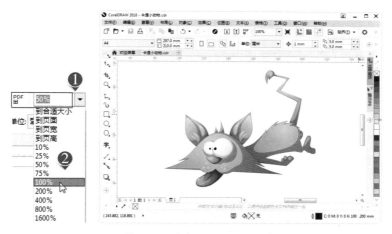

图 1-29　放大 100% 显示状态

步骤 03　在属性栏的"缩放级别"中单击"显示页面""按页宽显示""按页高显示"按钮，图形分别以最适合页面、页宽、页高显示，如图 1-30 所示。

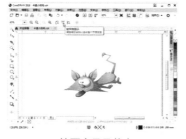

按页面显示状态　　　　　按页宽显示状态　　　　　按页高显示状态

图 1-30　不同方式显示状态

> **技巧**：在标准工具栏的"缩放级别"列表中选择"到页面"选项时，也可以通过按 Shift+F4 组合键，快速执行此操作。

步骤04 在"缩放级别"文本框中直接输入数值也可缩放图像，如果要缩小 10% 显示，则在"缩放级别"文本框中输入"10"后，按键盘上的 Enter 键即可，如图 1-31 所示。

图 1-31　缩小 10% 显示状态

步骤05 移动鼠标指针至工具箱中的 🔍（缩放工具）按钮上，单击鼠标左键，使 🔍（缩放工具）处于选择状态，此时鼠标指针变为 🔍 状态，移动鼠标指针至小动物图形上，单击鼠标左键，图形将以鼠标单击的位置为中心放大，如图 1-32 所示。

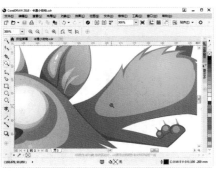

图 1-32　鼠标单击处中心放大显示状态

步骤06 移动鼠标指针至小动物内侧合适的位置，按住鼠标左键拖曳出一个矩形框，释放鼠标左键，框选的区域将放大显示，可以看到小动物内侧的纹理，效果如图 1-33 所示。

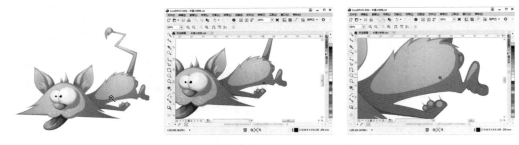

图 1-33　局部放大

技巧：如果想恢复至上一步的显示状态，单击鼠标右键即可。

技巧：按 Alt+Backspace（空格键）组合键，在使用工具箱的任何工具时，暂时切换为手形工具，调整图形在窗口中的显示位置后，再次显示当前使用的工具。

步骤07 在属性栏中单击 （缩放全部对象）按钮，显示状态如图 1-34 所示。

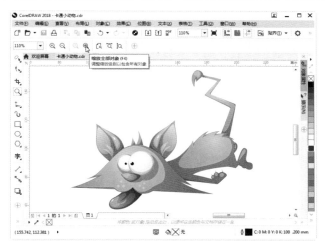

图 1-34　缩放全部对象显示状态

步骤08 单击属性栏中的 （缩放选定对象）按钮，将以整个选取图像的缩放级别显示，如图 1-35 所示。

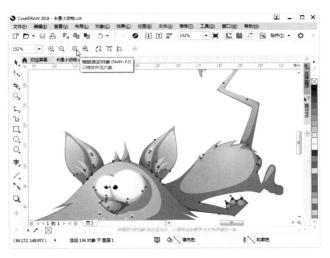

图 1-35　缩放选定对象显示状态

技巧：在工作区或绘图区按住 Shift 键，鼠标指针由 状态变为 形态，单击鼠标后，可以整体缩小视图显示。

> **技巧**：缩放视图主要有两种方法：一种是在标准工具栏中的"缩放级别"下拉列表框中选择合适的选项，另一种是使用工具箱中的 🔍（缩放工具）。

实例 8　不同模式的显示效果

实例思路

CorelDRAW 支持多种显示模式，如简单线框、线框、草稿、正常和增强模式。下面学习运用 CorelDRAW 支持的显示模式，释放电脑资源，提高 CorelDRAW 的运行速度。

实例要点

▶▶ 熟悉简单线框显示状态　　　　▶▶ 熟悉草稿显示状态

▶▶ 熟悉线框显示状态　　　　　　▶▶ 熟悉正常、增强、像素模式的显示状态

操作步骤

步骤01 执行菜单栏中的"文件/打开"命令或按 Ctrl+O 组合键，打开随书附带的"素材\第1章\卡通鼠.cdr"文档，如图 1-36 所示。

步骤02 执行菜单栏中的"查看/简单线框"命令，只显示对象的轮廓，其渐变、立体、均匀填充和渐变填充等效果都被隐藏，可更方便、快捷地选择和编辑对象，效果如图 1-37 所示。

图 1-36　卡通鼠文档　　　　　　图 1-37　简单线框显示效果

> **技巧**：按 Alt+X 组合键，可直接切换为"简单线框"显示状态，只显示绘图的基本线框（切换），即只显示调和、立体化和轮廓图的控件对象。

步骤03 执行菜单栏中的"查看/线框"命令，显示效果与简单线框类似，但可显示使用交互式调和工具绘制的对象轮廓，效果如图 1-38 所示。

步骤04 执行菜单栏中的"查看 / 草稿"命令，可显示标准填充，效果如图 1-39 所示。

图 1-38　线框显示效果　　　　　　　　　图 1-39　草稿显示效果

> 技巧：草稿模式可显示标准填充，将位图的分辨率降低后显示，对于 CorelDRAW 中绘制的图形对象来说，该显示模式可将透视和渐变填充显示为纯色，渐变填充则用起始颜色和终止颜色的调和来显示，若用户需要快速刷新复杂图像，又需要掌握画面基本色调时可使用此模式。在草稿模式显示状态下，对象显示有颗粒感，边缘不光滑。

步骤05 执行菜单栏中的"查看 / 正常"命令，将以常规显示模式显示对象，效果如图 1-40 所示。

步骤06 执行菜单栏中的"查看 / 增强"命令，系统将采用两倍超精度取样的方法来达到最佳的显示效果，即系统默认的显示状态，如图 1-41 所示。

步骤07 执行菜单栏中的"查看 / 像素"命令，系统会将矢量图以输出后的位图形式进行预览，如图 1-42 所示。

图 1-40　正常显示状态　　　　图 1-41　增强显示状态　　　　图 1-42　像素显示状态

> 技巧：正常模式下运用"填充"工具栏中的"PostScript 填充"填充的对象，将不能显示其填充效果。在此显示状态下，对象的边缘不光滑。

> 技巧：增强模式最消耗电脑资源，因此在图形对象较多时，可使用其他的显示模式，以释放电脑资源，提高 CorelDRAW 的运行速度。

实例 9　页面设置

实例思路

在绘图之前，需要先设置好页面的大小和方向，本例主要讲解 CorelDRAW 页面的基本设置。

实例要点

▶▶ 设置横向页面　　　　　　　　　　　　▶▶ 自定义页面

▶▶ 设置 A5 纸张页面　　　　　　　　　　▶▶ 设置页面背景颜色

操作步骤

步骤 01　执行菜单栏中的"文件 / 新建"命令或按 Ctrl+N 组合键，新建一个空白文档。

步骤 02　在属性栏中显示当前页面的信息，如图 1-43 所示。

图 1-43　属性栏

步骤 03　设置横向页面。单击属性栏中的 ▭（横向）按钮，"页面宽度与高度"数值框中的值会对调，此时页面设置为"横向"，如图 1-44 所示。

图 1-44　横向页面

步骤 04　设置 A5 纸张页面。在属性栏的"页面大小"下拉列表中选择 A5 选项，页面将自动改为纵向的 A5 纸，如图 1-45 所示。

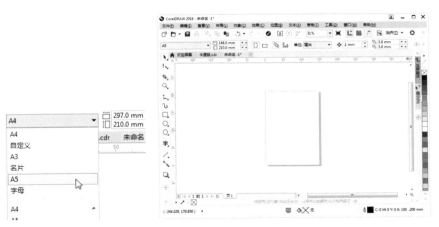

图 1-45　设置 A5 页面

步骤⑤ 自定义页面。执行菜单栏中的"布局 / 页面设置"命令，弹出"选项"对话框，在"宽度"选项的单位下拉列表框中选择"毫米"选项，在"宽度"右侧的数值框中输入 180，在"高度"右侧的数值框中输入"80"，按 Tab 键，可通过预览框预览设置后的页面大小和方向，如图 1-46 所示。

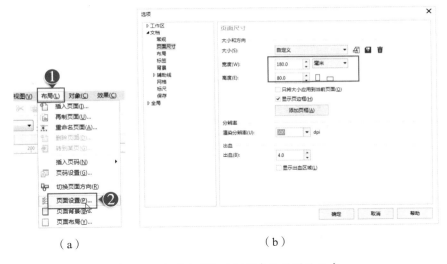

（a）　　　　　　　　　　　　　　　　　　　（b）

图 1-46　在"选项"对话框中设置页面尺寸

技巧：执行菜单栏中的"工具 / 选项"命令，同样可以打开"选项"对话框。

技巧：在"选项"对话框中，按 Tab 键，可以在该对话框的选项和数值框中进行循环切换，从而快速、方便地进行各项设置。

步骤⑥ 设置完成后单击"确定"按钮，完成页面的设置。

步骤⑦ 设置页面背景。执行菜单栏中的"布局 / 页面背景"命令，弹出"选项"对话框，选择左侧"文档 / 背景"命令，选中右侧的"纯色"单选按钮，在其后的颜色下拉列表框中选择"橘红"色标，如图 1-47 所示。

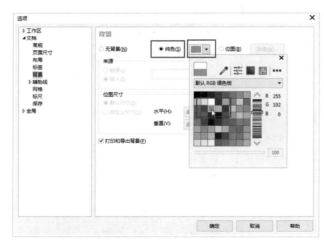

图 1-47 在"选项"对话框中设置页面背景

步骤08 设置完成后单击"确定"按钮，页面的背景色设置为橘红色，效果如图 1-48 所示。

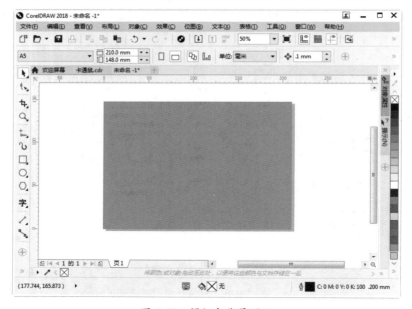

图 1-48 橘红色背景页面

> **技巧**：设置页面大小和方向主要有两种方法，一种是在属性栏中设置，另一种是在"选
> 项"对话框中设置。

实例 10　存储、关闭文件

（实例思路） --

　　文档绘制或者编辑完成后，都需要进行存储和关闭，只有这样才能在往后的日子里继续打开。本例为大家讲解在 CorelDRAW 2018 中保存文件和关闭文件的操作方法。

（实例要点） --

▶▶ 打开"保存绘图"对话框　　　　　　▶▶ 保存文件

▶▶ 选择磁盘和文件夹　　　　　　　　▶▶ 关闭文件

▶▶ 输入文件名

（操作步骤） --

1. 保存文件

步骤①　新建文档并绘制一个图形。

步骤②　执行菜单栏中的"文件 / 保存"命令，或单击标准工具栏中的 📙（保存）按钮，弹出"保存绘图"对话框，如图 1-49 所示。

图 1-49　打开"保存绘图"对话框

> **技巧**：按 Ctrl+S 组合键，也可以弹出"保存绘图"对话框，快速保存文件。

步骤③　在"保存绘图"对话框"保存在"右侧的下拉列表框中选择保存文件的磁盘和文件夹，在"文件名"文本框中输入文件名称，如图 1-50 所示。

步骤 04 单击"保存"按钮，即可保存文件。

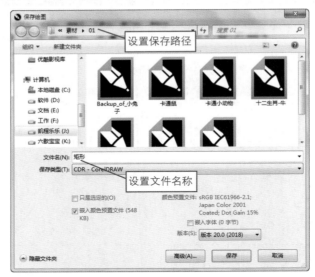

图 1-50 "保存绘图"对话框

> 技巧：已经保存的文件再进行修改，可选择"文件 / 保存"命令，或单击标准工具栏中的🖪（保存）按钮直接保存文件，此时，不再弹出"保存绘图"对话框。也可将文件换名保存，即单击"文件 / 另存为"命令，在弹出的"保存绘图"对话框中重复步骤 3 操作即可。

> 技巧：通过按 Ctrl+Shift+S 组合键，也可在"保存绘图"对话框中保存文件或为文件更名。

2. 关闭文件

步骤 01 执行菜单栏中的"文件 / 关闭"命令，或单击标签右侧的 × 按钮，如图 1-51 所示。

步骤 02 此时，如果文件没有任何改动，文件将直接关闭。如果文件进行了修改，则将弹出如图 1-52 所示的提示对话框。

图 1-51 关闭文件

图 1-52 CorelDRAW 2018 提示对话框

步骤 03 单击"是"按钮，保存文件的修改并关闭文件；单击"否"按钮，将关闭文件，不保存文件的修改；单击"取消"按钮，取消文件的关闭操作。

技巧：我们在对 CorelDRAW 进行操作时，有时会打开多个文件，如果要一次将所有文件都关闭，就要使用"全部关闭"命令。执行菜单栏中的"文件/全部关闭"命令，就可将所有打开的文件全部关闭，为用户节省了时间。

本章练习与习题

练习

1. 新建空白文档。

2. 将页面变为横向。

3. 练习导入其他格式的图片。

习题

1. 通常在向 CorelDRAW 中导入位图时，放置在页面中的位图都维持其原有的比例，如果需要在导入时改变位图的原有比例，则应该在单击导入位置光标时按（　　　）。

    A. Alt 键   B. Ctrl 键   C. Shift 键   D. Tab 键

2. 运行速度比较快，且又能显示图形效果的预览方式是（　　　）。

    A. 草稿   B. 正常   C. 线框   D. 增强

3. 设置页面背景色时，只针对（　　　）效果。

    A. 纸张与所有显示区域   B. 纸张

    C. 矩形框内   D. 纸张以外

2

第 2 章

直线与曲线的应用

要运用 CorelDRAW 软件制作出好的作品，首先要了解 CorelDRAW 中有哪些工具可以供我们使用，然后，我们需要了解这些工具如何使用。

在日常生活中，使用绘图工具，如直尺、圆规等，可以很容易地绘制出直线、曲线。在 CorelDRAW 软件中如何绘制直线、曲线呢？下面我们将通过实例具体讲解。

本章内容

▶▶ 手绘结合 B 样条绘制铅笔

▶▶ 2 点线工具绘制店庆优惠区

▶▶ 贝塞尔工具绘制箭头

▶▶ 钢笔工具绘制卡通南瓜

▶▶ B 样条工具绘制卡通蝴蝶

▶▶ 折线工具和 3 点曲线工具绘制 Wi-Fi 信号

▶▶ 智能绘图工具绘制拼接三角形

▶▶ LiveSketch 工具绘制卡通胡萝卜

实例 11　手绘工具结合 B 样条工具绘制铅笔

实例思路

　　⊞（手绘工具）是 CorelDRAW 2018 中一个非常重要的绘图工具，使用该工具可以在页面中绘制直线和随意的曲线；⊿（B 样条工具）是 CorelDRAW 2018 中一个通过设置构成曲线的控制点来绘制曲线的工具。本例通过⊞（手绘工具）绘制接续的直线制作铅笔的轮廓，再使用⊿（B 样条工具）绘制铅笔内的曲线图形效果，最后通过⊿（智能填充工具）为局部区域进行填色，具体操作流程如图 2-1 所示。

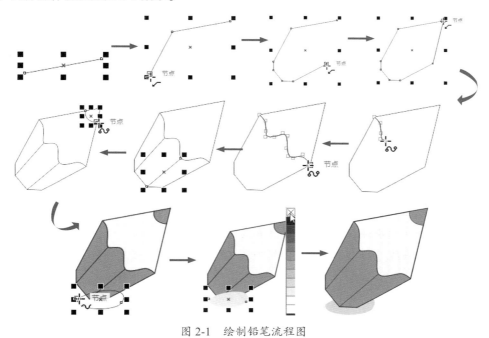

图 2-1　绘制铅笔流程图

实例要点

▶▶ 新建文档

▶▶ "手绘工具" 的使用

▶▶ "B 样条工具" 的使用

▶▶ 使用 "智能填充工具" 填色

▶▶ 调整顺序

操作步骤

步骤01　执行菜单栏中的 "文件 / 新建" 命令或按 Ctrl+N 组合键，打开 "创建新文档" 对话框，在对话框中所有的参数都采用默认选项，设置完成后单击 "确定" 按钮，新建一个空白文档。

步骤02 在工具箱中选择 📝（手绘工具）后，属性栏变为该工具对应的选项。在页面中选择一点后单击，移动到另一点后再单击，绘制一条直线段，如图 2-2 所示。

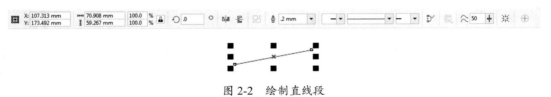

图 2-2　绘制直线段

其中的各项含义如下。

● （对象圆点）：用来定位或缩放对象时，设置要使用的参考点。

● （对象位置）：用来显示当前绘制矩形的坐标位置。

● （对象大小）：用来控制绘制矩形的大小。

● （缩放因子）：可以在文本框内输入数值改变对象的缩放比例，关闭或打开其右侧的 🔒（锁定）按钮，可以进行等比或不等比缩放。

● （旋转角度）：在文本框中输入数值可以将对象进行不同角度的旋转。

● （水平镜像）/（垂直镜像）：单击此按钮，可将对象进行水平 / 垂直镜像翻转。

● （拆分）：该按钮只有在结合对象或修整对象后才会启用，用于将合并后的对象进行拆分，以便于对单独个体进行编辑。

● （轮廓宽度）：在此下拉列表框中可设置矩形轮廓线的宽度。

● （起始箭头与终止箭头）：用来设置直线或曲线起始端箭头和终止端箭头。

● （线条样式）：用来设置直线或曲线的线条样式。

● （闭合曲线）：用来在未封闭的曲线起点和终点之间创建一条连接线，将其变为闭合的曲线。

● （文本换行）：用来设置段落文本绕图的选项。

● （手绘平滑）：此项用来设置手绘曲线的平滑度，数值越大，手绘线条的平滑度就会越大。

● （边框）：用来设置显示或隐藏绘制的直线或曲线的选择框。

● （快速自定义）：可以对属性栏中的各个选项进行重新定义，以及屏蔽不太常用的选项。

技巧：选择 📝（手绘工具）后，在页面中单击鼠标左键，然后移动鼠标到另一位置，再次单击鼠标左键，此时完成直线的绘制，如图 2-3 所示。

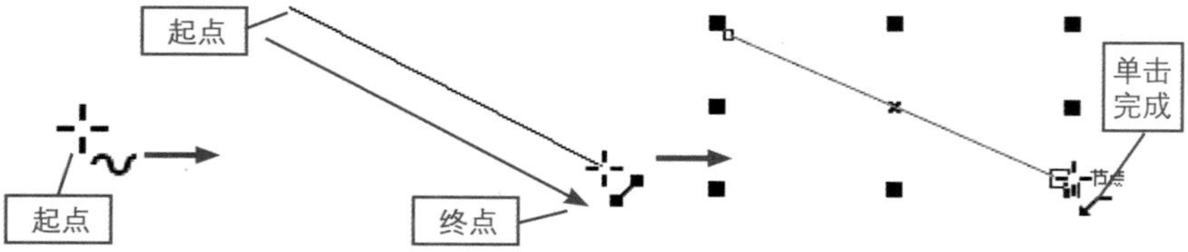

起点

起点　　　终点　　　单击完成

图 2-3　绘制直线

技巧：绘制直线的长短与鼠标移动的位置距离有关，直线的方向与末端单击鼠标左键的位置相同，![ ](手绘工具）在绘制直线时方向也是比较随意的；如果想按照水平或垂直方向绘制标准角度的直线，可以在绘制的同时按住 Shift 键，角度为水平或垂直方向加减 15 度角。

步骤03 将鼠标指针移到线段的末端节点上，此时光标变为![ ]形状，单击鼠标会将新线段与之前的线段末端相连接，向另外方向拖动鼠标来绘制接续的直线，以此类推，可以绘制连续的直线，效果如图 2-4 所示。

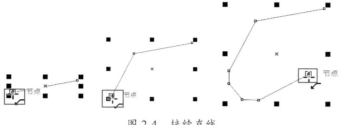

图 2-4　接续直线

步骤04 接续直线后，将终点与起点相交后单击，完成封闭图形的绘制，如图 2-5 所示。

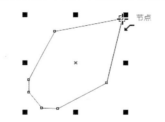

图 2-5　绘制封闭图形

技巧：绘制连续线条时，当终点与起点相交时光标同样会变为![ ]形状，只要单击鼠标左键，就可以将线段变为一个封闭的整体形状，此时可以为封闭区域进行填充等相应操作。

步骤05 在工具箱中选择![ ]（B 样条工具），在绘制的封闭图形上选择一个节点后单击，移动到另一点再单击，依次绘制曲线，绘制到另一节点后按 Enter 键完成绘制，如图 2-6 所示。

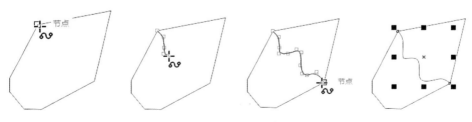

图 2-6　绘制曲线

技巧：选择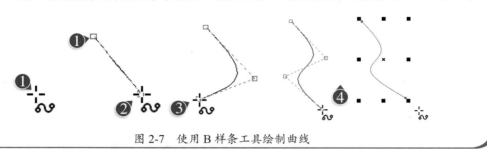（B 样条工具），在页面中单击鼠标左键移动到另一位置单击，再移动鼠标
到另一点就能够出现曲线，在最后一点上双击即可完成曲线的绘制，如图 2-7 所示。

图 2-7　使用 B 样条工具绘制曲线

技巧：使用（B 样条工具）绘制曲线时，当起点与终点相交时，单击即可绘制封闭
的图形。

步骤 06　使用（手绘工具）在曲线和直线段组成的封闭图形之间再绘制两条直线，此时铅笔
的雏形已经出现，如图 2-8 所示。

步骤 07　使用（B 样条工具）在铅笔头处绘制一条曲线，效果如图 2-9 所示。

步骤 08　选择铅笔外轮廓和笔中间的曲线，在属性栏中设置"轮廓宽度"为 1.0mm，效果如图 2-10
所示。

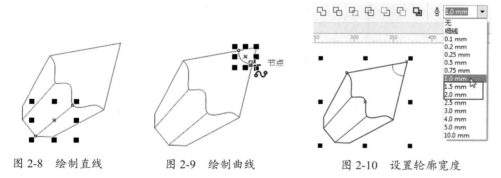

图 2-8　绘制直线　　　　图 2-9　绘制曲线　　　　图 2-10　设置轮廓宽度

步骤 09　在工具箱中选择（智能填充工具），在属性栏中设置"填充颜色"为"C:60、M:0、Y:60、
K:20"、"轮廓宽度"为"细线"、"轮廓颜色"为黑色，如图 2-11 所示。

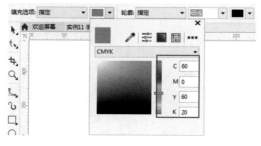

图 2-11　设置颜色

步骤⑩ 设置完成后，使用🎨（智能填充工具）在铅笔的局部单击，为其填充颜色，效果如图2-12所示。

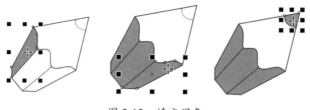

图 2-12　填充黑色

步骤⑪ 选择铅笔的外轮廓，在"颜色表"中单击"10%黑"色标，将其填充为灰色，如图2-13所示。

步骤⑫ 使用🖊（手绘工具）在底部绘制一个封闭的曲线，如图2-14所示。

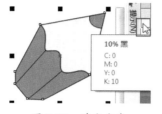

图 2-13　填充灰色

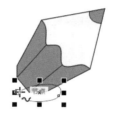

图 2-14　绘制曲线

技巧：使用🖊（手绘工具）在页面中选择一个起点后，按住鼠标左键在页面中拖动，释放鼠标后，即可得到一条曲线，如图2-15所示。

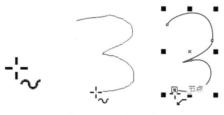

图 2-15　绘制曲线

技巧：绘制曲线时如果出错了，只要按住 Shift 键沿原路返回，即可将经过的区域擦除，如图 2-16 所示。

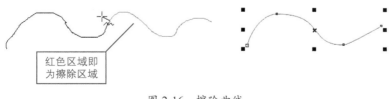

红色区域即为擦除区域

图 2-16　擦除曲线

步骤⑬ 在"颜色表"中单击"30%黑"色标，为其填充颜色，效果如图2-17所示。

步骤⑭ 在"颜色表"中右击⊠"无填充"图标，去掉绘制图形的轮廓，效果如图2-18所示。

步骤⑮ 执行菜单栏中的"对象/顺序/到页面背面"命令或按 Ctrl+End 组合键，将其调整到最后面，至此本例制作完成，最终效果如图 2-19 所示。

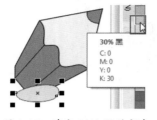
图 2-17 填充 30% 黑的颜色

图 2-18 去掉轮廓

图 2-19 最终效果

实例 12 2 点线工具绘制店庆优惠区

实例思路

▱ （2 点线工具）是 CorelDRAW 2018 中一个专门绘制直线线段的工具，该工具还可以绘制与对象垂直或相切的直线。本例使用▱（2 点线工具）绘制水平和垂直直线段并对其进行"宽度" "颜色"等方面的设置，具体操作流程如图 2-20 所示。

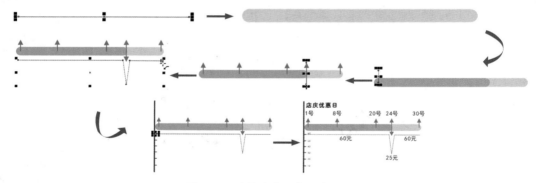
图 2-20 绘制店庆优惠区流程图

实例要点

▶▶ 新建文档

▶▶ "2 点线工具"的使用

▶▶ 通过"轮廓笔"对话框设置轮廓

▶▶ 复制线段

▶▶ 设置箭头和颜色

▶▶ 输入文字

操作步骤

步骤⓿① 执行菜单栏中的"文件/新建"命令或按 Ctrl+N 组合键，打开"创建新文档"对话框，在对话框中所有的参数都采用默认选项，设置完成后单击"确定"按钮，新建一个空白文档。

步骤02 在工具箱中选择 ◢（2 点线工具），此时属性栏会变成该工具对应的选项设置，如图 2-21 所示。

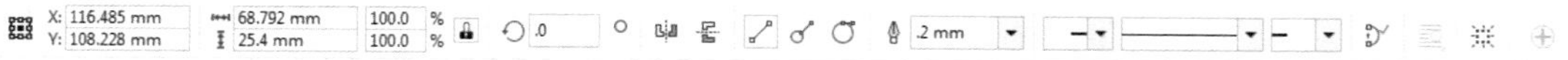

图 2-21　属性栏

其中的各项含义如下。

● ◢（2 点线工具）：用来连接起点与终点之间的连线，如图 2-22 所示。

图 2-22　绘制两点线

● ◢（垂直 2 点线）：用来将当前绘制的 2 点线与之前直线或对象成直角，如图 2-23 所示。

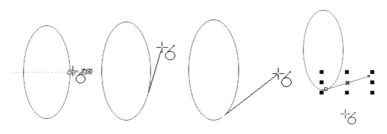

图 2-23　垂直 2 点线

● ◢（相切的 2 点线）：用来将当前绘制的 2 点线与之前直线或对象成相切角度，如图 2-24 所示。

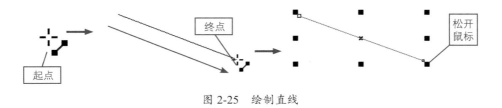

图 2-24　相切的 2 点线

技巧：默认情况下，选择 ◢（2 点线工具）后，在页面中绘制直线的方法是，在文档中选择起点按住鼠标向外拖动，释放鼠标后即可得到一条直线，如图 2-25 所示。

起点　终点　松开鼠标

图 2-25　绘制直线

技巧：在 （2 点线工具）属性栏中选择（相切的 2 点线）绘制相切线段时，如果在椭圆对象上进行绘制，随着拖动角度的变化，选择的起点也会跟随变化。

步骤 03 使用（2 点线工具）并按住 Shift 键绘制一条水平直线段，如图 2-26 所示。

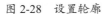

图 2-26　绘制直线段

步骤 04 在状态栏中双击（轮廓笔）按钮或按 F12 键，打开"轮廓笔"对话框，设置"颜色"为"C:0、M:40、Y:20、K:0"、"宽度"为 10.0mm、"线条端头"为"圆形端头"，其他参数为默认值，如图 2-27 所示。

步骤 05 设置完成后单击"确定"按钮，效果如图 2-28 所示。

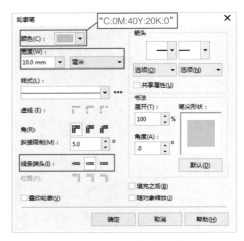

图 2-27　设置"轮廓笔"对话框

图 2-28　设置轮廓

步骤 06 按 Ctrl+C 组合键复制，再按 Ctrl+V 组合键粘贴，复制一个副本，使用（选择工具）拖动控制点将其缩短，然后在"颜色表"中右击"橘红"色标，效果如图 2-29 所示。

图 2-29　复制并编辑直线段

步骤 07 使用（2 点线工具）绘制一条垂直线段，效果如图 2-30 所示。

图 2-30　绘制直线段

步骤 08 在属性栏中设置"宽度"为 1.0mm，将终点设置一个箭头，在"颜色表"中右击"红"色标，如图 2-31 所示。

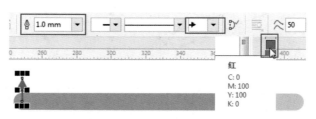

图 2-31　设置线条

步骤09 复制 4 个副本并将其移动到右侧进行位置调整，将倒数第 2 个箭头拉高，效果如图 2-32 所示。

图 2-32 调整箭头

步骤10 在属性栏中设置一个起始箭头，效果如图 2-33 所示。

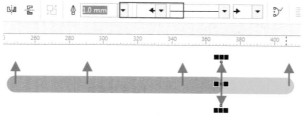

图 2-33 设置箭头

步骤11 使用 (2 点线工具) 在下面绘制一条折线，如图 2-34 所示。

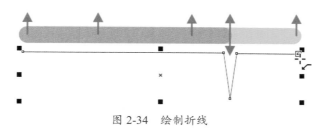

图 2-34 绘制折线

步骤12 使用 (2 点线工具) 在左侧绘制一条垂直线段，设置"宽度"为 1.5mm，效果如图 2-35 所示。

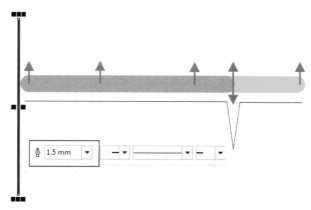

图 2-35 绘制垂直线段

步骤13 使用 (2 点线工具) 在垂直线段上绘制一条水平直线段，设置"宽度"为 0.75mm，效果如图 2-36 所示。

步骤14 向上拖动线段到合适位置右击，直接复制一个副本，依次复制 4 条线段，效果如图 2-37 所示。

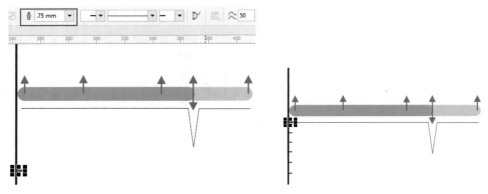

图 2-36　绘制水平线段　　　　　　　　　图 2-37　复制水平线段

步骤15 使用 **字**（文本工具）输入文字。至此本例制作完成，最终效果如图 2-38 所示。

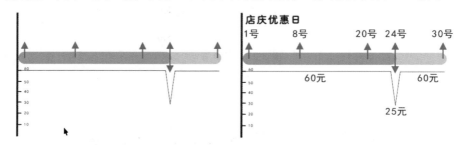

图 2-38　最终效果图

实例13　贝塞尔工具绘制箭头

（实例思路） -

　　 （贝塞尔工具）是 CorelDRAW 2018 中一个专门绘制曲线的工具，该工具还可以绘制连续的线段以及封闭形状。本例使用 （贝塞尔工具）绘制直线和曲线，并使用 （形状工具）对其进行调整，具体的操作流程如图 2-39 所示。

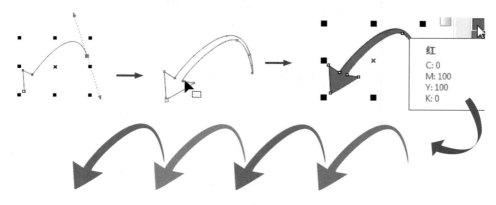

图 2-39　绘制箭头流程图

实例要点

- ▶ 新建文档
- ▶ 使用"贝塞尔工具"绘制直线和曲线
- ▶ 使用"形状工具"编辑曲线
- ▶ 复制并填充颜色
- ▶ 去掉轮廓

操作步骤

步骤01 执行菜单栏中的"文件/新建"命令或按 Ctrl+N 组合键，打开"创建新文档"对话框，在对话框中所有的参数都采用默认选项，设置完成后单击"确定"按钮，新建一个空白文档。

步骤02 在工具箱中选择 🖊 (贝塞尔工具)，此时属性栏会变成该工具对应的选项设置，如图 2-40 所示。

图 2-40 贝塞尔工具属性栏

其中的各项含义如下。

- ● （添加节点）：在编辑对象时，有时会遇到节点数量不够的问题，而得不到想要的形状，这时就需要增加节点来改变对象的形状，方法是使用 （形状工具）在曲线上选择一点后单击 （添加节点）按钮，即可为其添加一个节点。

- ● （删除节点）：在一条线段中，有时会因为节点太多而影响图形的平滑度，这时就需要删除一些多余的节点。在选择的节点上双击鼠标可以快速将节点删除，选择一个或多个节点后单击属性栏中的 （删除节点）按钮，也可将选中的节点删除。

> **技巧**：选择一个或多个节点后，按键盘上的 Delete 键可以将选择的节点删除。

- ● （连接两个节点）：选择起始和结束的节点，通过 （连接两个节点）按钮可以将其转换为一个封闭图形。

- ● （断开曲线）：可以将一条曲线分割为两条或两条以上的曲线。使用 （形状工具）选中一个节点，然后单击属性栏中的 （断开曲线）按钮，将曲线进行分割，分割后可用 （形状工具）将两个节点分开，形成两个曲线。

- ● （转换为线条）：将曲线线段转换为直线线段。

> **技巧**： （转换为线条）在编辑曲线时用到的概率非常大，该功能对于起始节点不能使用。

- ● （转换为曲线）：转换为曲线和转换为直线是两个互补的功能，绘制直线后，使用 （形状工具）选中一个节点，单击属性栏中的 （转换为曲线）按钮，此时调整两个节点间的直线就可以将其变为曲线。

- ▶️（尖突节点）：在编辑线条时，有时在拖动节点上的一个控制杆时，另一边的控制杆也随着一起动，这时可以使用▶️（尖突节点）命令后拉动其中一边的控制杆，另一边的控制杆不会受到影响。

- ▶️（平滑节点）：通过将尖突节点转换为平滑节点，来提高曲线的圆滑度，▶️（平滑节点）通常与▶️（尖突节点）一同使用。

- ▶️（对称节点）：将同一曲线形状应用到节点两侧。此项功能和▶️（平滑节点）命令相似，唯一不同的是单击生成对称节点，节点两侧控制的距离始终相等。

- ⟲（反转方向）：此项功能可以将绘制的曲线方向进行翻转，起点变终点，终点变起点。

- ▶️（提取子路径）：选择带有子路径对象上的一点，单击▶️（提取子路径）按钮，即可将两个结合的路径拆分，此时即可将其中的一个路径从上面移走。

- ▶️（延长曲线使之闭合）：该命令只对曲线的起始点和终点使用，选中曲线的起始点和终点的节点，单击属性栏中的▶️（延长曲线使之闭合）按钮，两个端点间便自动用一条直线进行连接。

- ▶️（闭合曲线）：此功能可将断开的曲线用直线自动连接起来，和▶️（延长曲线使之闭合）按钮的作用基本一致。

> **技巧**：▶️（闭合曲线）和▶️（延长曲线使之闭合）略为不同的地方是，"延长曲线使之闭合"选中的是起点与终点两个节点，而"闭合曲线"只要选中一个节点即可。

- ▶️（延展与缩放节点）：此功能可以在绘制的曲线或形状上出现缩放变换框，拖动控制点即可对其进行缩放变换。

- ▶️（旋转与倾斜节点）：此功能可以在绘制的曲线或形状上出现旋转变换框，拖动控制点即可对其进行旋转或斜切变换。

- ▶️（对齐节点）：单击此按钮可以将选择的曲线节点进行水平或垂直对齐。

- ▶️（水平反射节点）/▶️（垂直反射节点）：选择此功能后，拖动曲线控制点时，会出现对应该节点的水平或垂直反射。

- ▶️（弹性模式）：选择该功能时，进入弹性模式，移动节点时，其他被选节点将随着正在拖动的节点做不同比例的移动，使曲线随着鼠标的移动具有弹性、膨胀、收缩等特性。

- ▶️（选择所有节点）：使用此命令可以把曲线上的所有节点全部选取。

- 减少节点：选择此功能后，通过减少节点数量来调整曲线平滑度。

步骤03 使用✏️（贝塞尔工具）在文档中绘制箭头轮廓，如图2-41所示。

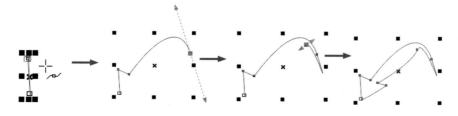

图 2-41　绘制箭头轮廓

技巧：选择 ✍ （贝塞尔工具）后，在页面中单击鼠标左键后，移动到另一位置再单击可以
得到直线，到第二点按住鼠标拖动会得到一条与前一点形成的曲线，如图 2-42 所示。

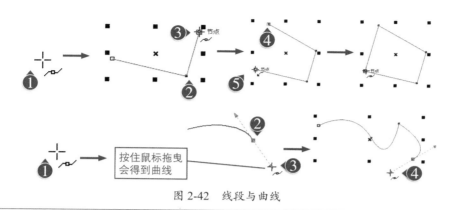

图 2-42　线段与曲线

步骤04 封闭轮廓绘制完成后，使用 ✎ （形状工具）拖动节点调整形状，如图 2-43 所示。

步骤05 选择调整完成的图形，在"颜色表"中单击"红"色标，如图 2-44 所示。

图 2-43　调整箭头　　　　　　　图 2-44　填充箭头

步骤06 向右拖动箭头右击鼠标，复制三个副本，如图 2-45 所示。

图 2-45　复制箭头

步骤07 分别选择每个箭头，在"颜色表"中单击不同颜色，得到不同颜色的箭头，效果如图 2-46
所示。

图 2-46　给箭头填充不同颜色

步骤08 框选四个箭头，右击"颜色表"中的 ☒ （无填充）图标，去掉箭头的轮廓。至此本例
制作完成，最终效果如图 2-47 所示。

图 2-47　最终效果图

实例 14　钢笔工具绘制卡通南瓜

实例思路 -

　　　　（钢笔工具）是 CorelDRAW 2018 中一个专门绘制直线与曲线的工具，而且还能在绘制过程中添加和删除节点。本例通过（钢笔工具）绘制不同的图形并进行调整，再为其填充颜色和设置轮廓，具体操作流程如图 2-48 所示。

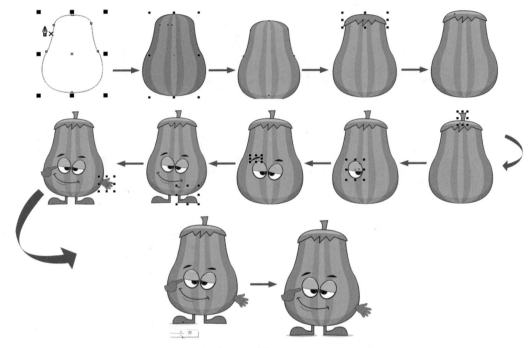

图 2-48　绘制卡通南瓜流程图

实例要点 -

▶▶ 新建文档

▶▶ 使用"钢笔工具"绘制图形

▶▶ 复制图形并进行调整

▶▶ 设置填充和轮廓

▶▶ 应用"相交"命令

▶▶ 使用"智能填充工具"进行局部填充

▶▶ 应用"透明度工具"设置透明

▶▶ 调整顺序

操作步骤 -

步骤01 执行菜单栏中的"文件 / 新建"命令或按 Ctrl+N 组合键，打开"创建新文档"对话框，在对话框中所有的参数都采用默认选项，设置完成后单击"确定"按钮，新建一个空白文档。

步骤02 使用（钢笔工具）在页面中绘制一个封闭的图形，当末端节点和起点相交时，单击即可完成封闭图形的绘制，如图 2-49 所示。

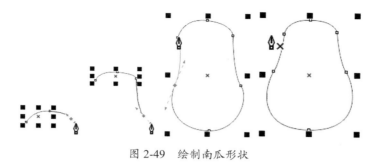

图 2-49　绘制南瓜形状

技巧：选择 🖊️（钢笔工具）后，在页面中单击鼠标左键再移动到另一位置单击能够绘制直线，到第二点按住鼠标拖动会得到一条与前一点形成的曲线，按 Enter 键完成绘制，如图 2-50 所示。

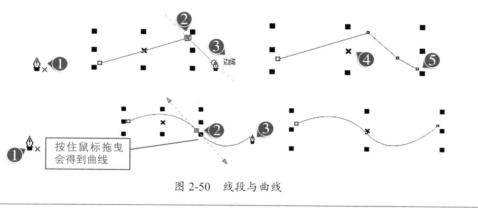

图 2-50　线段与曲线

技巧：使用 🖊️（钢笔工具）绘制直线或曲线时，可以在末端节点上双击完成绘制。

步骤 03 在"颜色表"上单击"绿"色标为其填充绿色，在属性栏中设置"轮廓宽度"为 1.0mm，如图 2-51 所示。

步骤 04 按 Ctrl+C 组合键复制，再按 Ctrl+V 组合键粘贴，复制一个副本，使用 ▶（选择工具）将副本进行调整，调整后将其填充为"C:40、M:0、Y:100、K:0"颜色，效果如图 2-52 所示。

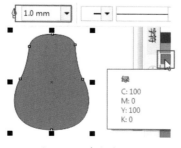

图 2-51　填充南瓜

图 2-52　复制并填充南瓜

步骤 05 以此类推，依次复制并缩小形状，然后进行颜色填充，选择复制的副本，在"颜色表"中右击☒（无填充）图标去掉轮廓，效果如图 2-53 所示。

步骤 06 再选择最大的轮廓图形，复制一个副本，将其缩小后填充为白色，并去掉轮廓，效果如图 2-54 所示。

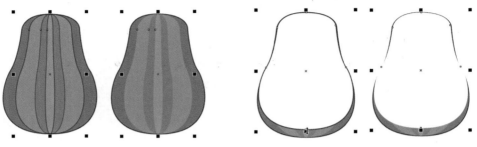

图 2-53　编辑南瓜　　　　　　　　　　图 2-54　增加立体效果

步骤 07 在工具箱中选择▦（透明度工具），设置白色图形的"透明度"为 83，效果如图 2-55 所示。

步骤 08 使用✒（钢笔工具）在图形的顶端绘制一个封闭的图形，将其"填充颜色"设置为"C:60、M:0、Y:60、K:20"，"轮廓宽度"设置为 1.0mm，效果如图 2-56 所示。

步骤 09 使用✒（钢笔工具）在图形的顶端绘制一个封闭的图形，效果如图 2-57 所示。

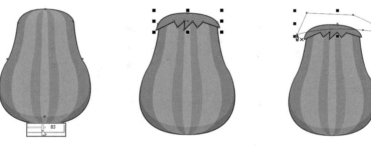

图 2-55　设置透明度　　　　图 2-56　绘制瓜蒂　　　　图 2-57　绘制封闭图形

步骤 10 使用▸（选择工具）将两个封闭图形一同选取，在属性栏中单击▣（相交）按钮，效果如图 2-58 所示。

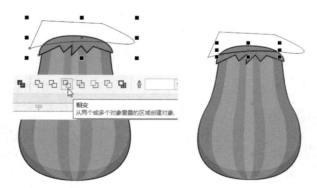

相交
从两个或多个对象重叠的区域创建对象。

图 2-58　相交两个封闭图形

步骤 11 将相交区域填充为"C:44、M:0、Y:45、K: 0"颜色，"轮廓宽度"设置为"无"，删除多余图形，效果如图 2-59 所示。

步骤⑫ 使用 （钢笔工具）在图形的顶端绘制一个封闭的图形，将其填充为 "C:60、M:0、Y:60、K:20" 颜色，"轮廓宽度"设置为 1.0mm，执行菜单栏中的 "对象 / 顺序 / 到页面背面"命令或按 Ctrl+End 组合键，效果如图 2-60 所示。

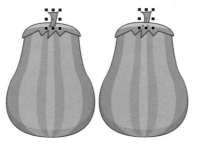

图 2-59　相交后设置填充颜色　　图 2-60　绘制图形并调整顺序

步骤⑬ 使用 ○（椭圆工具）在页面中绘制一个白色椭圆，设置 "轮廓宽度"为 1.5mm，如图 2-61 所示。

步骤⑭ 使用 （钢笔工具）在椭圆上绘制一条曲线，效果如图 2-62 所示。

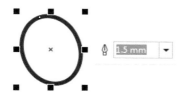
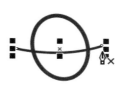

图 2-61　绘制椭圆　　　　　图 2-62　绘制曲线

步骤⑮ 在工具箱中选择 （智能填充工具），在属性栏中设置 "填充颜色"为 "C:44、M:0、Y:45、K: 0"，"轮廓宽度"为 "无"，如图 2-63 所示。

步骤⑯ 使用 （智能填充工具）在椭圆的上半部分单击，为其填充颜色，删除绘制的曲线，效果如图 2-64 所示。

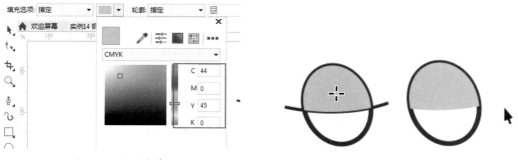

图 2-63　设置颜色　　　　　图 2-64　填充颜色

步骤⑰ 使用 （钢笔工具）在图形的顶端绘制一个封闭的图形，使用 （选择工具）将两个封闭图形一同选取，在属性栏中单击 （相交）按钮，效果如图 2-65 所示。

图 2-65　相交两个封闭图形

步骤18 将相交区域填充为"C:20、M:20、Y:0、K: 0"颜色，删除多余的区域，效果如图 2-66 所示。

步骤19 使用 (椭圆工具) 在页面中绘制一个黑色正圆，按 Ctrl+PgDn 组合键两次，向后调整顺序，再使用 (椭圆工具) 绘制一个白色正圆，效果如图 2-67 所示。

图 2-66　填充相交后的图形　　　图 2-67　调整顺序绘制正圆

步骤20 选择眼皮图形，为其添加一个细线轮廓，效果如图 2-68 所示。

步骤21 选择整个眼睛，按 Ctrl+G 组合键将其进行群组，再将其拖动到合适位置，效果如图 2-69 所示。

图 2-68　设置轮廓　　　　　　　图 2-69　群组并调整位置

步骤22 复制一个眼睛向右移动，在属性栏中单击 (水平镜像) 按钮，效果如图 2-70 所示。

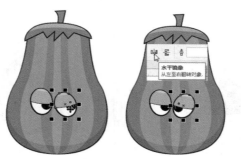

图 2-70　水平镜像眼睛

步骤23 使用 (钢笔工具) 绘制两个封闭图形并填充黑色，将其作为眉毛，效果如图 2-71 所示。

步骤24 使用 (钢笔工具) 绘制嘴巴轮廓线，效果如图 2-72 所示。

图 2-71　绘制眉毛　　　　　　　　　图 2-72　绘制嘴巴

步骤 25 使用 (钢笔工具)绘制脚的封闭图形,将其填充为"C:60、M: 0、Y:40、K: 40"颜色,按 Ctrl+End 组合键,将其放置到最底层,效果如图 2-73 所示。

步骤 26 复制一只脚,在属性栏中单击 (水平镜像)按钮,效果如图 2-74 所示。

图 2-73　绘制脚　　　　　　　　　图 2-74　水平镜像另一只脚

步骤 27 执行菜单栏中的"文本 / 插入字符"命令,打开"插入字符"泊坞窗,选择"字体"为 Wingdings 2,在其中选择两个"手"字符,将其拖曳到页面中,调整大小和位置后为其填充与脚一样的颜色,效果如图 2-75 所示。

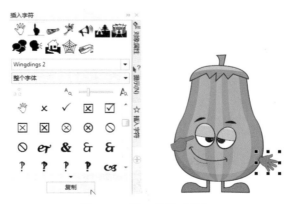

图 2-75　插入字符"手"

步骤 28 在脚底部,使用 (椭圆工具)绘制一个黑色椭圆,效果如图 2-76 所示。

步骤 29 使用 (透明度工具)设置"透明度"为 77,效果如图 2-77 所示。

步骤 30 按 Ctrl+End 组合键,将其放置到最底层,再复制一个椭圆副本移动到另一只脚下。至此本例制作完成,最终效果如图 2-78 所示。

图 2-76　绘制椭圆　　　　　图 2-77　设置椭圆透明度　　　　图 2-78　最终效果图

 实例 15　B 样条工具绘制卡通蝴蝶

实例思路

（B 样条工具）是 CoreIDRAW 2018 中一个通过设置构成曲线的控制点来绘制曲线的工具。本例使用（B 样条工具）绘制封闭图形并填充颜色，通过（贝塞尔工具）绘制曲线，并结合（智能填充工具）进行局部填充，通过"对称"命令制作整个蝴蝶翅膀，再绘制身体和触须，具体操作流程如图 2-79 所示。

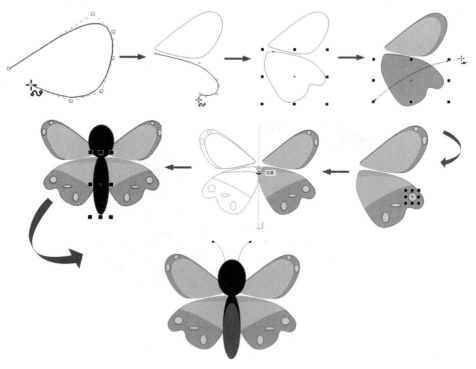

图 2-79　绘制卡通蝴蝶流程图

（实例要点） --------------------------------------

▶ 新建文档
▶ 使用"B 样条工具"绘制图形
▶ 填充图形
▶ 使用"贝塞尔工具"绘制曲线

▶ 使用"智能填充工具"填充局部
▶ 使用"椭圆工具"绘制椭圆
▶ 使用"对称"命令制作对称

（操作步骤） --------------------------------------

步骤01 执行菜单栏中的"文件 / 新建"命令或按 Ctrl+N 组合键，打开"创建新文档"对话框，在对话框中所有的参数都采用默认选项，设置完成后单击"确定"按钮，新建一个空白文档。

步骤02 使用 🖊（B 样条工具）在页面中合适的位置单击，移动鼠标到另一位置单击后再移动到下一位置，如图 2-80 所示。

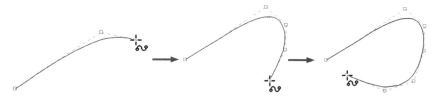

图 2-80　绘制翅膀（一）

步骤03 再移动鼠标到下一位置，单击后再次移动，形成单侧翅膀形状后双击，完成上面翅膀的绘制，如图 2-81 所示。

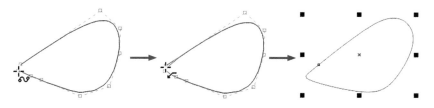

图 2-81　绘制翅膀（二）

步骤04 使用 🖊（B 样条工具）在刚刚完成的图形下面位置单击，移动鼠标到另一位置单击后再移动到下一位置，如图 2-82 所示。

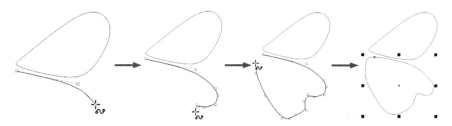

图 2-82　绘制翅膀（三）

技巧： 选择 [🖊]（B 样条工具）后，在页面中单击鼠标左键后移动到另一位置单击，再移动鼠标到另一点就能够出现曲线，在最后一点上双击即可完成曲线的绘制，如图 2-83 所示。

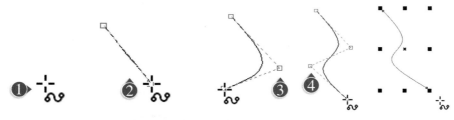

图 2-83　使用"B 样条工具"绘制曲线

技巧： 使用 [🖊]（B 样条工具）绘制曲线时，当起点与终点相交时，单击即可绘制封闭的图形。

步骤 05 框选两个翅膀，在"颜色表"中单击"橘红"色标，将翅膀填充为橘红色，效果如图 2-84 所示。

步骤 06 选择上面的图形将其缩小，再使用 [🖍]（交互式填充工具），在属性栏中选择 [■]（均匀填充），为其填充"C:20、M:20、Y:45、K:0"颜色，效果如图 2-85 所示。

步骤 07 使用 [✒]（贝塞尔工具）绘制一条曲线，如图 2-86 所示。

步骤 08 在工具箱中选择 [🖱]（智能填充工具），在属性栏中设置"填充颜色"为"C:20、M:26、Y:45、K:0"，"轮廓宽度"为"无"，效果如图 2-87 所示。

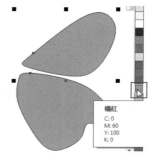

图 2-84　填充翅膀

步骤 09 使用 [✒]（贝塞尔工具）绘制一条曲线，效果如图 2-88 所示。

步骤 10 使用 [🖱]（智能填充工具）在线条间隔处填充"C:29、M:26、Y:45、K:0"颜色，设置"轮廓宽度"为"无"，效果如图 2-89 所示。

步骤 11 删除曲线，使用 [○]（椭圆工具）在翅膀上绘制椭圆，将其填充"C:20、M:20、Y:0、K:0"颜色，效果如图 2-90 所示。

图 2-85　填充颜色

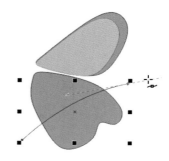

图 2-86　绘制曲线

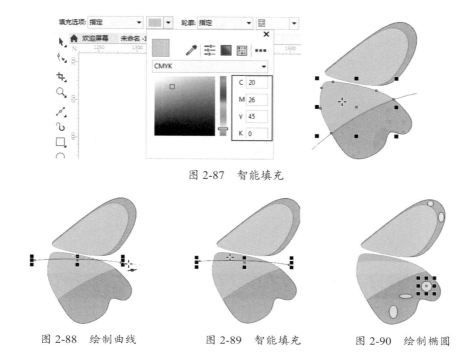

图 2-87 智能填充

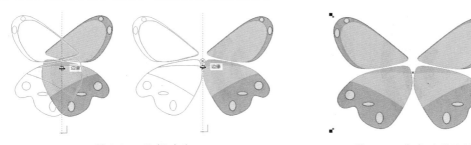

图 2-88 绘制曲线 图 2-89 智能填充 图 2-90 绘制椭圆

步骤⑫ 选择整个翅膀，执行菜单栏中的"对象 / 对称 / 创建新对称"命令，进入对称编辑状态，向左拖动对称线，效果如图 2-91 所示。

步骤⑬ 对称线调整完成后，执行菜单栏中的"对象 / 对称 / 完成编辑对称"命令，或单击下面的 （完成编辑对称）按钮，效果如图 2-92 所示。

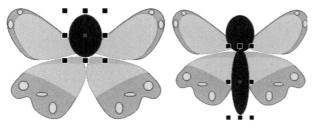

图 2-91 编辑对称 图 2-92 完成对称编辑

步骤⑭ 使用 （椭圆工具）在翅膀上绘制黑色椭圆，效果如图 2-93 所示。

步骤⑮ 使用 （选择工具）选择黑色椭圆并复制一个副本，将其缩小后再填充灰色，效果如图 2-94 所示。

图 2-93 绘制椭圆 图 2-94 复制并填充椭圆

步骤16 使用 ✎（贝塞尔工具）绘制曲线，使用 ◯（椭圆工具）绘制一个黑色正圆，将其作为蝴蝶的触须，效果如图 2-95 所示。

步骤17 选择触须，向右拖动复制一个副本，在属性栏中单击 ⊞（水平镜像）按钮。至此本例制作完成，最终效果如图 2-96 所示。

图 2-95　绘制并填充触须

图 2-96　最终效果图

实例 16　折线工具和 3 点曲线工具绘制 Wi-Fi 信号

（实例思路） --

　　🖊（折线工具）在 CorelDRAW 2018 中可以自由地绘制曲线和连续的线段。🖊（3 点曲线工具）在 CorelDRAW 2018 中可以绘制多种弧线或者近似圆弧的曲线，用户只需确定曲线的两个端点和一个中心点即可。本例通过 🖊（3 点曲线工具）绘制曲线并设置轮廓宽度，再通过 🖊（折线工具）绘制封闭图形，具体操作流程如图 2-97 所示。

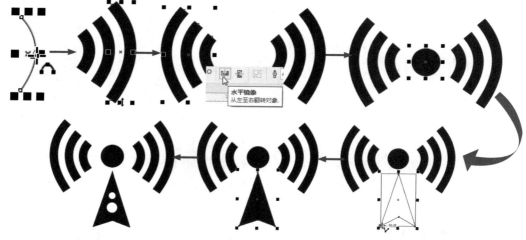
图 2-97　绘制 Wi-Fi 信号流程图

（实例要点） --

▶▶ 新建文档

▶▶ 使用 "3 点曲线工具" 绘制曲线

▶ 在属性栏中设置轮廓宽度

▶ 复制副本并进行水平镜像

▶ 使用"折线工具"绘制图形

▶ 使用"椭圆工具"和"矩形工具"绘制正圆和矩形

(操作步骤) ------------------------------

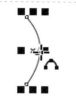

步骤01 执行菜单栏中的"文件 / 新建"命令或按 Ctrl+N 组合键,打开"创建新文档"对话框,在对话框中所有的参数都采用默认选项,设置完成后单击"确定"按钮,新建一个空白文档。

步骤02 使用 △(3 点曲线工具)在页面中绘制一条曲线,如图 2-98 所示。

图 2-98 绘制曲线

技巧: 选择 △(3 点曲线工具)后,在绘图页面单击并按住鼠标左键向右拖动,在合适的位置释放鼠标并向其他方向拖动,单击鼠标,即可完成弧线的绘制,如图 2-99 所示。

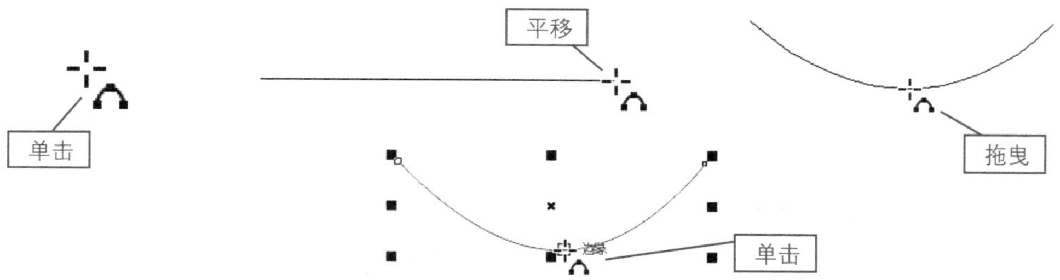

平移

单击

拖曳

单击

图 2-99 使用"3 点曲线工具"绘制弧线

步骤03 在属性栏中设置"轮廓宽度"为 4.0mm,如图 2-100 所示。

步骤04 向右拖动曲线单击右键复制副本,再调整副本的大小,效果如图 2-101 所示。

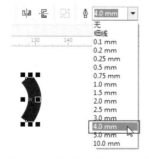

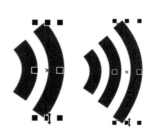

图 2-100 设置曲线轮廓宽度　　图 2-101 复制并调整曲线

步骤05 框选所有曲线,复制一个副本,单击属性栏中的 ▥(水平镜像)按钮,再将其向左移动,效果如图 2-102 所示。

步骤06 使用 ○(椭圆工具)在图形中间绘制一个黑色正圆,效果如图 2-103 所示。

步骤07 使用 □(矩形工具)在下面绘制一个矩形,再使用 △(折线工具)在矩形内绘制一个封闭图形,效果如图 2-104 所示。

图 2-102　水平镜像曲线　　　　　　　图 2-103　绘制正圆

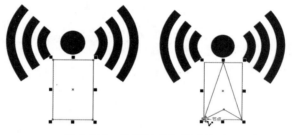

图 2-104　绘制矩形和封闭图形

技巧：选择 △（折线工具）后，在页面中将光标移至需要绘制的位置后按住鼠标左键，
　　　然后向右侧拖动鼠标，至合适位置后双击鼠标，即可将曲线绘制完成，如图 2-105
　　　所示，选择起点单击鼠标再移到另一点单击鼠标，以此类推，可以绘制直线线段，
　　　在终点双击完成绘制，如图 2-106 所示。

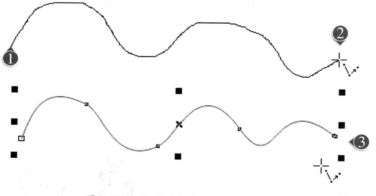

图 2-105　使用"折线工具"绘制曲线

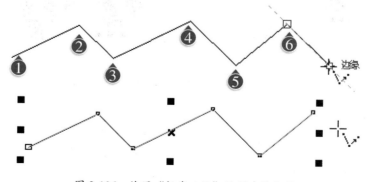

图 2-106　使用"折线工具"绘制直线线段

步骤 08 将矩形删除，再将"折线工具"绘制的图形填充为黑色，效果如图 2-107 所示。

步骤 09 使用 ◯（椭圆工具）在图形上绘制两个白色正圆。至此本例制作完成，最终效果如图 2-108 所示。

图 2-107　填充封闭图形　　　　图 2-108　最终效果图

实例 17　智能绘图工具绘制拼接三角形

（实例思路）

△（智能绘图工具）能自动识别许多形状，包括圆、矩形、箭头、菱形、梯形等，还能自动平滑和修饰曲线，快速规整和修饰图像。△（智能绘图工具）有点儿像我们不借助尺规进行徒手绘草图，只不过笔变成了鼠标等输入设备。我们可以自由地草绘一些线条，最好有一点儿规律性，如大体像卵圆形，或者不精确的矩形、三角形等，这样在你草绘时，"智能绘图工具"能自动对涂鸦的线条进行识别、判断并组织成最接近的几何形状。本例使用 △（智能绘图工具）绘制两个三角形，再使用 ◪（智能填充工具）为拼接的三角形进行颜色填充，具体操作流程如图 2-109 所示。

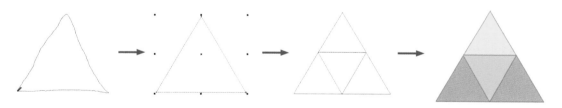

图 2-109　绘制拼接三角形流程图

（实例要点）

▶▶ 新建文档　　　　　　　　　　　　　　　▶▶ 使用"智能绘图工具"绘制三角形

▶▶ 使用"智能填充工具"对拼接图形进行颜色填充

（操作步骤）

步骤 01 执行菜单栏中的"文件/新建"命令或按 Ctrl+N 组合键，打开"创建新文档"对话框，在对话框中所有的参数都采用默认选项，设置完成后单击"确定"按钮，新建一个空白文档。

步骤02 使用 △（智能绘图工具）在文档中根据三角形的形状进行绘制，如图 2-110 所示。

步骤03 在三角形内部，再使用 △（智能绘图工具）绘制一个倒三角形，如图 2-111 所示。

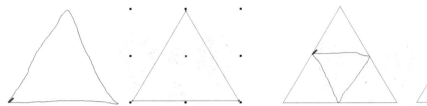 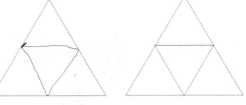

图 2-110　绘制三角形　　　　　　　　　图 2-111　绘制倒三角形

步骤04 选择 △（智能填充工具），在属性栏中设置"填充颜色"为青色，然后在拼接的两个三角形上单击进行颜色填充，如图 2-112 所示。

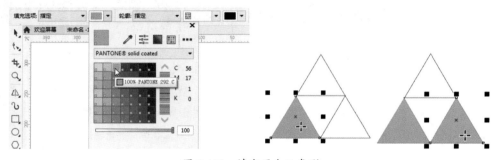

图 2-112　填充两个三角形

步骤05 再为另两个三角形填充不同颜色，如图 2-113 所示。

步骤06 框选所有对象，在"颜色表"中右击"绿"色标。至此本例制作完成，最终效果如图 2-114 所示。

图 2-113　填充另外两个三角形　　　　　　图 2-114　最终效果图

实例 18　LiveSketch 工具绘制卡通胡萝卜

（实例思路）--

　　 （LiveSketch 工具）在提供手绘草图的简便性和速度的同时，结合了智能笔触调整和矢量绘图。在绘制草图时，软件会根据输入笔触的属性、时序和空间接近度对其进行调整，并将其转换为贝塞尔曲线，要绘制草图，须在绘图窗口中绘制笔触，就像用铅笔在纸张上绘图一样。绘制的手绘笔触经过调整会变为曲线。本例使用 （LiveSketch 工具）绘制胡萝卜外形，再

使用 （手绘工具）绘制叶子外形，通过 ᑌ（艺术笔工具）绘制叶脉，具体操作流程如图 2-115 所示。

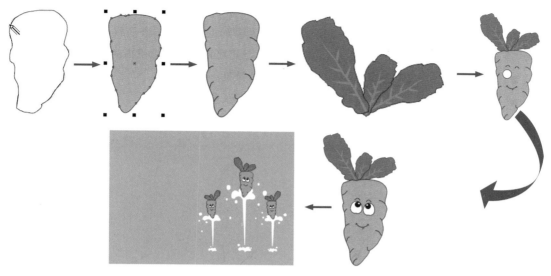

图 2-115　绘制卡通胡萝卜流程图

（实例要点） --------------------------------

▶▶ 新建文档

▶▶ 使用"LiveSketch 工具"绘制胡萝卜外形

▶▶ 使用"手绘工具"绘制线条和图形

▶▶ 使用"钢笔工具"绘制曲线

▶▶ 使用"椭圆工具"绘制正圆

▶▶ 转换成曲线

▶▶ 使用"形状工具"调整曲线

（操作步骤） --------------------------------

步骤 01 执行菜单栏中的"文件/新建"命令或按 Ctrl+N 组合键，打开"创建新文档"对话框，在对话框中所有的参数都采用默认选项，设置完成后单击"确定"按钮，新建一个空白文档。

步骤 02 在工具箱中选择 ﹏（LiveSketch 工具），此时属性栏变为该工具对应的选项设置，如图 2-116 所示。

图 2-116　"LiveSketch 工具"属性栏

其中的各项参数含义如下。

● 5.0 秒 ＋（定时器）：用来设置调整草图绘制笔触前的延迟，在绘制时可以随时调整定时，以发现最适合的草图绘制速度和风格的设置。设置短暂的延迟时间，以立即创建曲线。您也可以将延迟时间增加为 5 秒，这样就可以利用实时预览的优势了解您的输入笔触并在此基础上构建草图。

● ◎（包括曲线）：可以将现有的笔触重新调整。

● 30 px ↨（与曲线的距离）：可以设置何种距离的现有曲线会被添加到草图中。

● ◄（创建单条曲线）：通过指定时间范围内绘制的笔触创建单条曲线。为实现最佳效果，可以设置较长的延迟时间。CorelDRAW 仅会处理指定延迟时间内的笔触。

● ▦（装订框）：绘制曲线时，显示或隐藏选择框。

● ◢（预览模式）：用来显示或隐藏生成曲线的预览效果。

步骤 03 使用 ◢（LiveSketch 工具）在页面中绘制胡萝卜的外形，如图 2-117 所示。

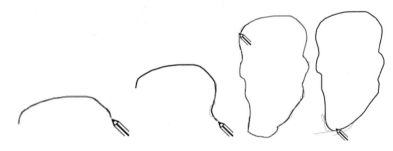

图 2-117 绘制胡萝卜外形

步骤 04 选择胡萝卜外形，在"颜色表"中单击"橘红"色标，效果如图 2-118 所示。

步骤 05 使用 ▦（手绘工具）绘制胡萝卜纹理，效果如图 2-119 所示。

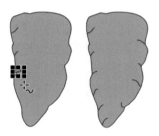

图 2-118 填充胡萝卜　　　　图 2-119 绘制胡萝卜纹理

步骤 06 使用 ▦（手绘工具）绘制一个封闭的图形，效果如图 2-120 所示。

步骤 07 在"颜色表"中单击"绿"色标，将其填充为绿色，效果如图 2-121 所示。

图 2-120 绘制封闭图形　　　　图 2-121 填充封闭图形

步骤 08 在工具箱中选择 ◔（艺术笔工具），在属性栏中单击 ►◄（预设）按钮，在绿色图形上拖动绘制画笔，效果如图 2-122 所示。

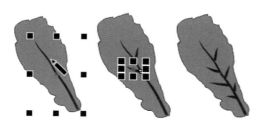

图 2-122 绘制画笔

步骤 09 选择绘制的画笔，将其填充为"C:60、M:0、Y:60、K:20"颜色，效果如图 2-123 所示。

步骤 10 框选叶子，按 Ctrl+G 组合键进行群组，复制两个副本缩小并进行调整，效果如图 2-124 所示。

图 2-123 填充画笔

图 2-124 复制并调整叶子

步骤 11 将叶子移动到胡萝卜主体上面，按 Ctrl+End 组合键，将其放置到后面，效果如图 2-125 所示。

步骤 12 使用 ✎（钢笔工具）绘制线条，将其作为嘴巴、眼眉等，效果如图 2-126 所示。

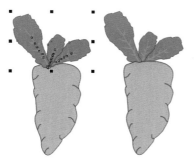

图 2-125 移动并改变顺序

图 2-126 绘制嘴巴、眼眉

步骤 13 使用 ○（椭圆工具）在胡萝卜上面绘制一个白色正圆，按 Ctrl+Q 组合键将其转换成曲线，再使用 ↖（形状工具）调整正圆形状，效果如图 2-127 所示。

步骤 14 在上面再绘制黑色正圆和一个小白色正圆，效果如图 2-128 所示。

步骤 15 选择眼睛图形复制一个副本，单击属性栏中的 ◫（水平镜像）按钮，效果如图 2-129 所示。

步骤 16 使用 ✎（钢笔工具）在眼球下面绘制两条曲线，效果如图 2-130 所示。

图 2-127 绘制并调整正圆

图 2-128　绘制眼睛　　　图 2-129　复制并镜像眼睛　　　图 2-130　绘制曲线

步骤⑰ 执行菜单栏中的"文件／导入"命令，导入随书附带的"素材＼第2章＼水花素材.jpg"文件，将其放置到最底层，再复制两个胡萝卜分别移动到水花上面并调整大小。至此本例制作完成，最终效果如图 2-131 所示。

图 2-131　最终效果图

本章练习与习题

练习

1. 练习线条工具的使用。

2. 练习钢笔工具的使用。

习题

1. （手绘工具）在绘制直线时方向是比较随意的，如果想按照水平或垂直方向绘制标准角度的直线，可以在绘制的同时按住（　　）键，角度为水平或垂直方向加减 15 度角。

　　A. Shift　　　　　　　B. Alt　　　　　　　　C. Ctrl　　　　　　　　D. Tab

2. 使用（钢笔工具）绘制线条时，如果想结束绘制应该（　　）。

　　A. 按住 Ctrl+Alt 组合键的同时在路径以外的空白处单击鼠标

　　B. 按住 Shift 键的同时在路径以外的空白处单击鼠标

　　C. 按住 Alt 键的同时在路径以外的空白处单击鼠标

　　D. 按 Enter 键或 Esc 键

第3章

几何图形的应用

在日常生活中接触到的很多图形，无论表面看起来多么复杂或简单的图形，其实都是由方形、圆形、多边形演变而来的，本章主要向大家介绍在 CorelDRAW 2018 软件中绘制这些基本几何图形的方法和技巧。

本章内容

实例 19 · 矩形工具绘制镂空立方体

实例思路

□（矩形工具）是 CorelDRAW 中一个重要的绘图工具，使用该工具可以在页面中绘制矩形。本例使用□（矩形工具 绘制正方形，复制副本并对其进行斜切变换，具体操作流程如图 3-1 所示。

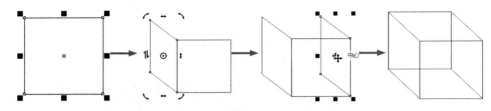

图 3-1　绘制镂空立方体流程图

实例要点

▶ 新建文档　　　　　　　　　　　▶ 复制副本
▶ "矩形工具"的使用　　　　　　　▶ 斜切变换

操作步骤

步骤 01 执行菜单栏中的"文件 / 新建"命令或按 Ctrl+N 组合键，打开"创建新文档"对话框，在对话框中所有的参数都采用默认选项，设置完成后单击"确定"按钮，新建一个空白文档。

步骤 02 在工具箱中选择□（矩形工具），此时属性栏会变成该工具对应的选项设置，在页面中选择一个合适的位置，按住鼠标向对角拖动绘制矩形，如图 3-2 所示。

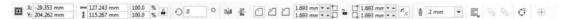

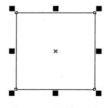

图 3-2　绘制矩形

其中的各项含义如下。

● □（圆角）：当转角半径大于 0 时，矩形拐角会出现弧度，如图 3-3 所示。

● □（扇形角）：当转角半径大于 0 时，矩形拐角会出现弧度凹陷，如图 3-4 所示。

● □（倒棱角）：当转角半径大于 0 时，将矩形拐角替换为直边，如图 3-5 所示。

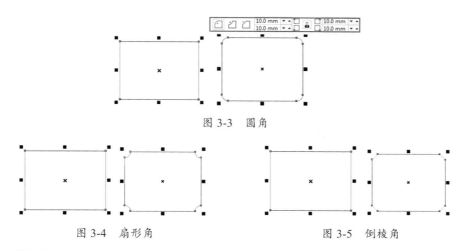

图 3-3　圆角

图 3-4　扇形角　　　　　　　　图 3-5　倒棱角

● 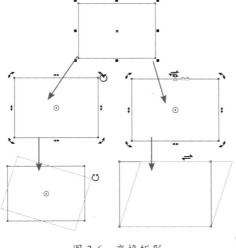（转角半径）：用来设置圆角、扇形角和倒棱角的大小。

● （相对角缩放）：根据矩形的大小缩放角度。

● （到图层前面）/ （到图层后面）：用来设置矩形与图层的前后顺序。

● （转换为曲线）：可以将绘制的矩形转换为曲线，再使用 （形状工具）对其进行编辑。

技巧：选择 （矩形工具），在页面中按住鼠标左键向对角处拖动鼠标，释放鼠标后即可绘制一个矩形；按住 Ctrl 键拖动鼠标，会在页面中绘制出一个正方形；按住 Shift 键拖动鼠标，会以选择点为中心向外扩展绘制矩形；按住 Ctrl+Shift 组合键拖动鼠标，会以选择点为中心向外扩展绘制正方形。

技巧：矩形绘制完成后，使用鼠标单击会调出矩形的变换框，拖动 4 个角可以旋转矩形，平行拖动边会对矩形进行斜切变换，如图 3-6 所示。

图 3-6　变换矩形

步骤03 矩形绘制完成后，使用 ↖（选择工具）选择矩形并向左拖动，到矩形边上后单击鼠标右键复制一个副本，再拖动副本的控制点将其变窄，如图 3-7 所示。

步骤04 在绘制的小矩形中间单击鼠标，调出变换框，拖动左侧边进行斜切变换，如图 3-8 所示。

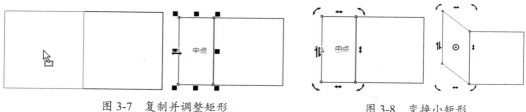

图 3-7 复制并调整矩形　　　　　　　　　　图 3-8 变换小矩形

步骤05 斜切完成后单击鼠标，还原变换框，向右拖动斜切矩形，到矩形右边后右击鼠标，复制一个副本，如图 3-9 所示。

步骤06 选择绘制的第一个矩形并向上角处拖动，到对齐位置后右击鼠标复制矩形。至此本例制作完成，最终效果如图 3-10 所示。

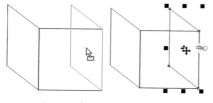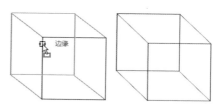

图 3-9 复制斜切后的矩形　　　　　　　　　　图 3-10 最终效果图

实例20　3 点矩形工具绘制图标

（实例思路） -

🔲（3 点矩形工具）是矩形的延伸工具，能绘制出有倾斜角度的矩形。本例使用🔲（3 点矩形工具）绘制矩形，复制一个副本设置"扇形角"并为其填充渐变色，再插入字符并为其添加阴影，具体操作流程如图 3-11 所示。

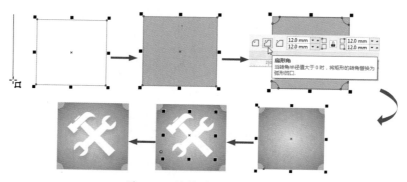

图 3-11 绘制图标流程图

实例要点

- ▶ 新建文档
- ▶ "3 点矩形工具"的使用
- ▶ 复制副本
- ▶ 设置"扇形角"
- ▶ 填充渐变色
- ▶ 插入字符
- ▶ 使用"阴影工具"添加阴影

操作步骤

步骤01 执行菜单栏中的"文件 / 新建"命令或按 Ctrl+N 组合键，打开"创建新文档"对话框，在对话框中所有的参数都采用默认选项，设置完成后单击"确定"按钮，新建一个空白文档。

步骤02 使用▣（3 点矩形工具）在文档中绘制一个矩形，如图 3-12 所示。

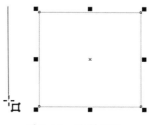

图 3-12 绘制矩形

技巧：使用▣（3 点矩形工具）在页面中选择一点后按住鼠标移动到另一位置，释放鼠标向 90 度方向拖动，单击鼠标即可绘制一个矩形，如图 3-13 所示。

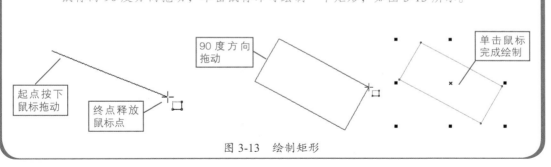

图 3-13 绘制矩形

技巧：▣（3 点矩形工具）在绘制矩形时，通常是按照第一条边的垂直方向绘制矩形，角度也是按照第一条边的角度来定义矩形的方向。

步骤03 在"颜色表"中单击"灰"色标，将矩形填充为灰色，如图 3-14 所示。

步骤04 按 Ctrl+C 组合键复制，再按 Ctrl+V 组合键粘贴，复制一个副本，在属性栏中设置 4 个▣（扇形角）都为 12mm，如图 3-15 所示。

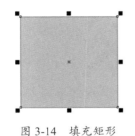

图 3-14 填充矩形

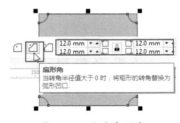

图 3-15 设置扇形角

步骤⑤ 使用◇（交互式填充工具）中的▣（渐变填充），设置"渐变类型"为▣（椭圆渐变填充），单击右侧的▣（编辑填充）按钮，在打开的"编辑填充"对话框中设置参数，如图 3-16 所示。

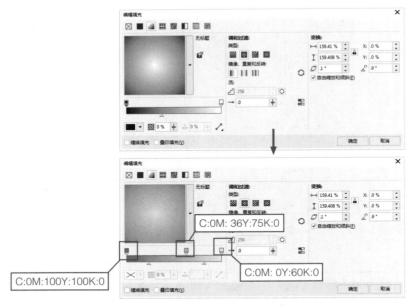

图 3-16 "编辑填充"对话框

步骤⑥ 设置完成后单击"确定"按钮，效果如图 3-17 所示。

步骤⑦ 在"颜色表"中右击⊠（无填充）图标去掉轮廓，效果如图 3-18 所示。

图 3-17 填充渐变矩形　　　　图 3-18 去掉轮廓

步骤⑧ 执行菜单栏中的"文字 / 插入字符"命令，打开"插入字符"泊坞窗，选择"字体"为 Webdings，在泊坞窗中选择一个字符将其拖曳到页面中，效果如图 3-19 所示。

图 3-19 插入字符

步骤⑨ 拖动控制点将其调整大一点，再将其填充为白色，效果如图 3-20 所示。

步骤⑩ 使用 🖵（阴影工具）在字符上拖动，为其添加阴影。至此本例制作完成，最终效果如图 3-21 所示。

图 3-20　调整并填充字符　　　　　图 3-21　最终效果图

实例 21　椭圆工具绘制萌态小鸡

（实例思路）

⭕（椭圆工具）是 CorelDRAW 中一个重要的绘图工具，使用该工具可以在页面中绘制椭圆和正圆图形。本例使用⭕（椭圆工具）绘制椭圆，转换成曲线后调整形状，再通过✑（贝塞尔工具）和 ✏（手绘工具）绘制曲线和直线，具体的操作流程如图 3-22 所示。

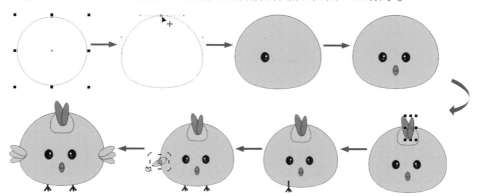

图 3-22　绘制萌态小鸡流程图

（实例要点）

▶▶ 新建文档

▶▶ 使用"椭圆工具"绘制正圆

▶▶ 为正圆填充颜色后将其转换成曲线

▶▶ 使用"形状工具"调整椭圆形状

▶▶ 使用"贝塞尔工具"绘制曲线

▶▶ 使用"手绘工具"绘制直线段

【操作步骤】

步骤01 执行菜单栏中的"文件 / 新建"命令或按 Ctrl+N 组合键，打开"创建新文档"对话框，在对话框中所有的参数都采用默认选项，设置完成后单击"确定"按钮，新建一个空白文档。

步骤02 在工具箱中选择〇（椭圆工具），此时的属性栏会变成该工具对应的选项设置，如图 3-23 所示。

图 3-23 "椭圆工具"属性栏

其中的各项含义如下。

● 〇（椭圆）：单击此按钮，在绘图窗口中绘制的是椭圆。

● ◔（饼图）：单击此按钮，在绘图窗口中绘制的是饼形，具体的绘制方法与椭圆一致，如图 3-24 所示。

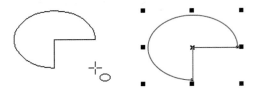

图 3-24 绘制的饼形

● ◠（弧）：单击此按钮，在绘图窗口中绘制的是弧形，具体的绘制方法与椭圆一致，如图 3-25 所示。

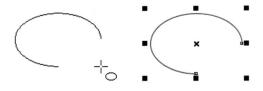

图 3-25 绘制的弧形

● ⊙90.0°⊙90.0°（起始和结束角度）：此项可以控制饼形和弧形的绘制角度，以饼形为例如图 3-26 所示。

● ⊙（更改方向）：单击此按钮，可以将创建的弧形或饼形在顺时针或逆时针方向上转换，以饼形为例如图 3-27 所示。

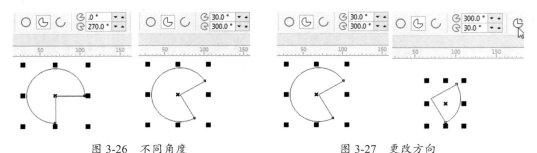

图 3-26 不同角度   图 3-27 更改方向

步骤03 使用 ◎（椭圆工具）并按住 Ctrl 键，在页面中绘制一个正圆，效果如图 3-28 所示。

> 技巧：在 CorelDRAW 2018 中使用 ◎（椭圆工具）绘制椭圆时，按住 Shift 键可以以起始点为中心绘制椭圆；按住 Ctrl 键可以绘制正圆；按住 Shift+Ctrl 组合键可以绘制以起始点为中心的正圆。

步骤04 执行菜单栏中的"对象/转换为曲线"命令或按 Ctrl+Q 组合键，将椭圆转换成曲线，使用 ◟（形状工具）调整正圆形状，效果如图 3-29 所示。

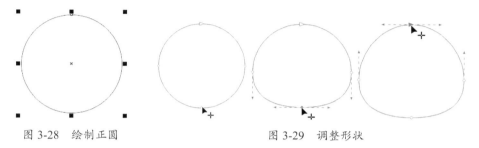

图 3-28 绘制正圆　　　　图 3-29 调整形状

步骤05 在工具箱中选择 ◈（交互式填充工具），在属性栏中选择 ■（均匀填充），为图形填充"C:0、M:40、Y:80、K:0"颜色，效果如图 3-30 所示。

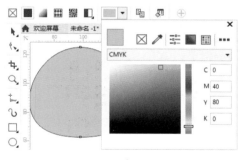

图 3-30 填充椭圆

步骤06 使用 ◎（椭圆工具）在图形上绘制一个黑色椭圆和两个白色椭圆，将其作为眼睛，效果如图 3-31 所示。

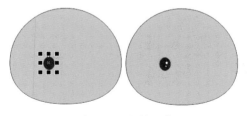

图 3-31 绘制眼睛

步骤07 使用 �（选择工具）选择绘制的三个椭圆，向右拖动到合适位置单击鼠标右键，复制一个副本，在属性栏中单击 ▥（水平镜像）按钮，将副本水平镜像翻转，效果如图 3-32 所示。

步骤08 使用 ◎（椭圆工具）在两只眼睛下面绘制一个红色的椭圆，再使用 ✎（贝塞尔工具）绘制一条曲线，将其作为小鸡的嘴巴，效果如图 3-33 所示。

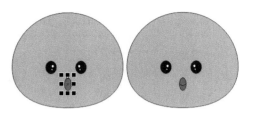

图 3-32　复制并镜像翻转　　　　　　　　　图 3-33　绘制嘴巴

步骤09 使用 ◯（椭圆工具）在头顶部绘制一个椭圆，将其填充为"C:0、M:40、Y:60、K:0"颜色，按 Ctrl+Q 组合键将其转换成曲线，使用 ⬦（形状工具）调整椭圆形状，效果如图 3-34 所示。

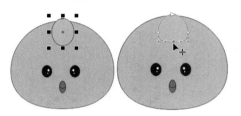

图 3-34　绘制并调整椭圆

步骤10 使用 ◯（椭圆工具）在头顶部绘制两个红色椭圆，效果如图 3-35 所示。

步骤11 使用 ⬦（手绘工具）绘制直线，设置"轮廓宽度"为 1.5mm，效果如图 3-36 所示。

图 3-35　绘制两个椭圆　　　　　　　　　图 3-36　绘制直线

步骤12 将鸡脚全部选取，复制一个副本向右拖动，再将鸡脚和副本一同选取，按 Ctrl+End 组合键将其调整到最后，效果如图 3-37 所示。

步骤13 选择小鸡的身体，复制一个副本，将其旋转、缩小并调整位置，如图 3-38 所示。

图 3-37　复制并改变顺序　　　　　　　　　图 3-38　复制并缩小椭圆

步骤14 复制椭圆，在上面单击调出旋转变换框，拖动控制点将其进行旋转，效果如图 3-39 所示。

步骤15 将翅膀选取后向右拖动的同时，单击鼠标右键复制一个副本，单击属性栏中的 ⬛（水平镜像）按钮。至此本例制作完成，最终效果如图 3-40 所示。

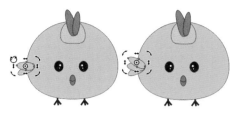

图 3-39　复制并旋转椭圆　　　　　图 3-40　最终效果图

实例 22　3 点椭圆工具和矩形工具绘制热气球

实例思路

　　(3 点椭圆工具)是椭圆工具的延伸工具,能绘制出随意角度的椭圆。本例使用(3 点椭圆工具)绘制椭圆并转换成曲线,使用(形状工具)调整椭圆形状,使用(矩形工具)绘制矩形并转换成曲线,使用(形状工具)调整矩形为梯形,具体操作流程如图 3-41 所示。

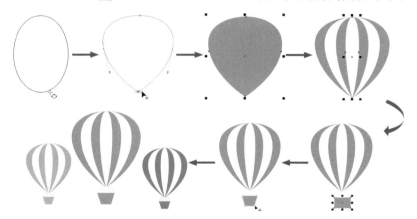

图 3-41　绘制热气球流程图

实例要点

▶▶ 新建文档

▶▶ 使用 "3 点椭圆工具" 绘制椭圆

▶▶ 将椭圆转换为曲线

▶▶ 使用 "形状工具" 调整曲线

▶▶ 使用 "矩形工具" 绘制矩形

▶▶ 将矩形调整成梯形

▶▶ 使用 "手绘工具" 绘制线条

操作步骤

步骤01 执行菜单栏中的 "文件 / 新建" 命令或按 Ctrl+N 组合键,打开 "创建新文档" 对话框,在对话框中所有的参数都采用默认选项,设置完成后单击 "确定" 按钮,新建一个空白文档。

步骤02 使用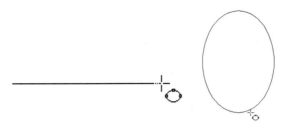（3 点椭圆工具）在文档中绘制椭圆，如图 3-42 所示。

图 3-42　绘制椭圆

> **技巧**：使用（3 点椭圆工具）绘制椭圆时按住 Ctrl 键，会得到一个以起始点到终点为直径的正圆形。

步骤03 执行菜单栏中的"对象 / 转换为曲线"命令或按 Ctrl+Q 组合键，将椭圆转换为曲线，使用（形状工具）向下拖动上面的节点，再将下面节点的控制点向内收缩，效果如图 3-43 所示。

步骤04 在"颜色表"中单击"青"色标，再右击（无填充）图标，效果如图 3-44 所示。

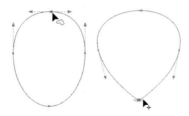

图 3-43　转换为曲线并调整椭圆　　　　图 3-44　填充椭圆图形

步骤05 复制图形，拖动控制点将副本缩小并填充为白色，再复制缩小的副本并填充为青色，以此类推，效果如图 3-45 所示。

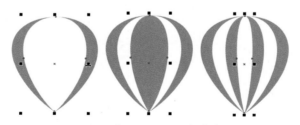

图 3-45　复制缩小的副本并填充

步骤06 使用（矩形工具）在图形下方绘制一个矩形并填充为青色，右击（无填充）图标，效果如图 3-46 所示。

步骤07 按 Ctrl+Q 组合键将矩形转换为曲线，使用（形状工具）调整底部的两个节点，将矩形调整为梯形，如图 3-47 所示。

步骤08 再使用（手绘工具）绘制 4 条线段，右击"青"色标，效果如图 3-48 所示。

图 3-46　绘制并填充矩形　　图 3-47　调整矩形为梯形　　　图 3-48　绘制线段

步骤 09 再使用同样的方法绘制另外的热气球。至此本例制作完成，最终效果如图 3-49 所示。

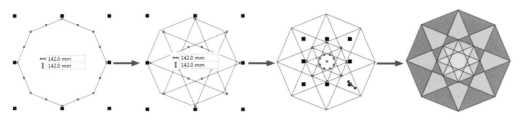

图 3-49　最终效果图

技巧：绘制另外的热气球时，可以通过复制原图形得到两个副本，再改变其颜色和大小。

实例 23　多边形工具和复杂星形工具绘制万花筒

（实例思路）

　　□（多边形工具）是 CorelDRAW 中一个重要的绘图工具，使用该工具可以在页面中绘制多边形；✿（复杂星形工具）在 CorelDRAW 中用来绘制星形。本例使用□（多边形工具）绘制八边形、✿（复杂星形工具）绘制复杂星形，通过"对齐"命令，将其居中对齐，再为其分别填充颜色，具体操作流程如图 3-50 所示。

图 3-50　绘制万花筒流程图

实例要点 -

▶▶ 新建文档   ▶▶ 通过"对齐与分布"泊坞窗设置对齐
▶▶ 使用"多边形工具"绘制八边形   ▶▶ 为图形填充颜色
▶▶ 使用"复杂星形工具"绘制复杂星形

- -

操作步骤 -

步骤01 执行菜单栏中的"文件 / 新建"命令或按 Ctrl+N 组合键，打开"创建新文档"对话框，在对话框中所有的参数都采用默认选项，设置完成后单击"确定"按钮，新建一个空白文档。

步骤02 在工具箱中选择 ◯（多边形工具），再在属性栏中设置"点数或边数"为 8，在页面中按住 Ctrl 键绘制一个正八边形，效果如图 3-51 所示。

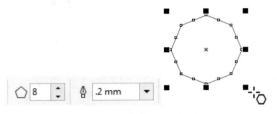

图 3-51　绘制正八边形

> **技巧**：◯ 6 （点数或边数）：在此文本框中输入数值可以设置多边形、星形的边数或点数，其范围为 3~500，绘制完成的多边形也可以通过更改文本框中的数值来改变边数。

步骤03 在属性栏中设置八边形的"宽度"和"高度"都为 142mm，此时绘制的八边形会变成自定义的设置大小，如图 3-52 所示。

步骤04 在工具箱中选择 ✿（复杂星形工具），再在属性栏中设置"点数或边数"为 8，"锐度"为 2，在页面中按住 Ctrl 键绘制一个复杂星形，效果如图 3-53 所示。

图 3-52　设置大小   图 3-53　绘制复杂星形

> **技巧**：在使用 ◯（多边形工具）、✩（星形工具）和 ✿（复杂星形工具）时，多边形和星形的边数为 3~500，复杂星形的点数或边数为 5~500。

技巧：▲ 53 ⬍（锐度）：在此文本框中输入数值，可以设置星形以及复杂星形的角的锐度。

步骤 05 在属性栏中设置复杂星形的"宽度"和"高度"都为 142mm，此时绘制的复杂星形会变成自定义的设置大小，效果如图 3-54 所示。

步骤 06 框选八边形和复杂星形，执行菜单栏中的"对象/对齐与分布/对齐与分布"命令，打开"对齐与分布"泊坞窗，单击"水平居中对齐"和"垂直居中对齐"按钮，效果如图 3-55 所示。

图 3-54　设置大小

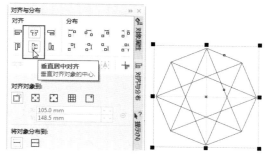

图 3-55　对齐对象

步骤 07 选择复杂星形，按 Ctrl+D 组合键再复制一个副本，拖动控制点将其缩小，如图 3-56 所示。

步骤 08 框选所有对象，在"对齐与分布"泊坞窗中，单击"水平居中对齐"和"垂直居中对齐"按钮，效果如图 3-57 所示。

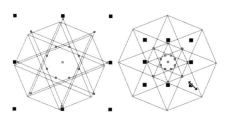

图 3-56　复制并调整大小

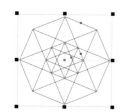

图 3-57　对齐复杂星形

步骤 09 分别选择八边形和复杂星形，为其填充不同的颜色。至此本例制作完成，最终效果如图 3-58 所示。

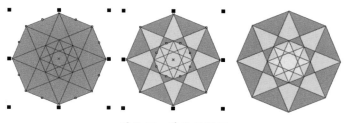

图 3-58　最终效果图

实例 24　影响工具和星形工具绘制闪光五角星

（实例思路） -

　　CorelDRAW 2018 中的 ▨（ 影响工具 ）可以在页面中绘制辐射图形和平行图形，☆（ 星形工具 ）用来绘制星形。本例使用 ▨（影响工具）在页面中绘制一个辐射的图形，将其填充为红色，再使用 ☆（星形工具）绘制五角星并创建"内边界"，在五角星上绘制 5 条线，最后通过 ▧（智能填充工具）为五角星进行局部填色，具体操作流程如图 3-59 所示。

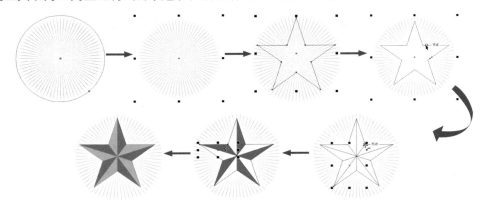

图 3-59　绘制闪光五角星流程图

（实例要点） -

▶▶ 新建文档　　　　　　　　　　　　　　　 ▶▶ 创建"内边界"

▶▶ 使用"影响工具"绘制辐射图形　　　　　 ▶▶ 绘制直线

▶▶ 使用"星形工具"绘制五角星　　　　　　 ▶▶ 使用"智能填充工具"为局部填色

（操作步骤） -

步骤01 执行菜单栏中的"文件 / 新建"命令或按 Ctrl+N 组合键，打开"创建新文档"对话框，在对话框中所有的参数都采用默认选项，设置完成后单击"确定"按钮，新建一个空白文档。

步骤02 在工具箱中选择 ▨（影响工具），此时属性栏会变成该工具的选项设置，如图 3-60 所示。

| 辐射 | ▾ | ⊞ ⊞ | ○ .000 ° | ⇡⇣ | ⬚ ⇕ | .178 mm | ⇡⇣ | min | ⤴ 0 | ⇡⇣ | ⬚ | ⟷ 5.000 ° | ⇡⇣ | min | ⤴ 0 | ⇡⇣ | ⤧ | ◆ | ▾ | 85 % | ⇡⇣ | ⊕ |
| | | | | | | .178 mm | | 最大 | | | | 5.000 ° | | 最大 | | | | | | | | |

图 3-60　"影响工具"属性栏

其中的各项含义如下。

● ┌──────┐ 辐射 ▾（效果样式）：在此可以选择绘制平行或辐射图形。

● ▧（内边界）：选择对象以确定效果内边缘形状，并使用选定的对象形状创建间隙，绘制图形后单击 ▧（内边界）按钮，此时鼠标指针变为 ➘ 形状，将其在图形上单击，即可创建内边界。

- ● ▦（外边界）：选择对象以确定外边缘形状，并将效果限制在对象形状内，绘制图形后单击▦（外边界）按钮，此时鼠标指针变为 ✐ 形状，将其在矩形上单击，即可创建外边界。
- ● ◠ [.000°] ↕（旋转角度）：指定效果中的线角度（平行样式）或围绕内边缘旋转线条（辐射样式）。
- ● ⬚（起点和终点）：在边界边缘处或在边界内随机开始和终止所有线条。
- ● ◊ [.178 mm] → min （线宽）：设置效果中线条的最小和最大宽度。
     [.178 mm] → 最大
- ● ◿ 0 ↕（宽度步长）：设置最小和最大宽度的步长值。
- ● ⬚（随机排列宽度顺序）：随机排列最小和最大宽度之间的步长顺序。
- ● ⊢ [5.000] → min （行间距）：设置效果中行之间的最小和最大间距。
     [5.000] → 最大
- ● ◿ 0 ↕（间距步长）：设置最小和最大间距的步长值。
- ● ⬚（随机排列间距顺序）：随机排列最小和最大间距之间的步长顺序。
- ● ◆——— ▾（线条样式）：可以在下拉列表中选择绘制的图形线条样式。
- ● [85 %] ✛（最宽点）：沿线条设置最宽点的位置。

步骤03 在属性栏中选择"效果样式"为"辐射"，其他参数都为默认值，使用▨（影响工具）在页面中绘制一个圆形发散图形，如图3-61所示。

步骤04 在"颜色表"中单击"红"色标，为绘制的图形填色，效果如图3-62所示。

图 3-61　绘制图形　　　　　　图 3-62　填充颜色

步骤05 在工具箱中选择☆（星形工具），再在属性栏中设置"点数或边数"为5，"锐度"为53，在页面中按住 Ctrl 键绘制一个正五角星，效果如图3-63所示。

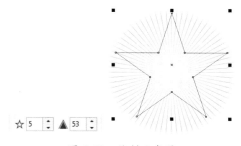

☆ 5 ↕ ▲ 53 ↕

图 3-63　绘制五角星

步骤06 选择红色发散图形，在属性栏中单击▦（内边界）按钮，鼠标指针变为 ✐ 形状，此时在五角星边框上单击，即可创建内边界效果，如图3-64所示。

步骤07 使用 🖎 (手绘工具) 在五角星上绘制 5 条直线, 效果如图 3-65 所示。

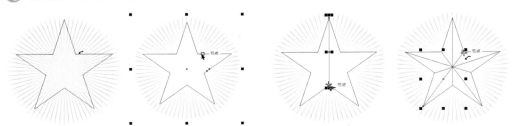

图 3-64 创建内边界 　　　　　　　　　　图 3-65 绘制直线

步骤08 选择 🖎 (智能填充工具), 设置"填充颜色"为"C:3、M:100、Y:73、K:0", "轮廓"为"无", 如图 3-66 所示。

步骤09 使用 🖎 (智能填充工具) 在五角星的局部区域进行单击填色, 效果如图 3-67 所示。

步骤10 使用 🖎 (智能填充工具) 在五角星的其他白色区域填充"C:0、M:69、Y:19、K:0"颜色。至此本例制作完成, 最终效果如图 3-68 所示。

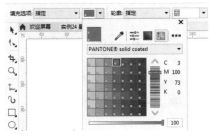

图 3-66 设置智能填充

图 3-67 智能填充效果

图 3-68 最终效果图

实例 25　图纸工具制作图片拼贴

实例思路

　　🖾 (图纸工具) 在 CorelDRAW 中主要用于绘制表格、网格等, 在绘制曲线图或其他对象时辅助用户精确排列对象。本例使用 🖾 (图纸工具) 绘制九宫格, 导入素材后, 应用"PowerClip

内部"命令，取消组合后，通过"对齐与分布"泊坞窗设置对齐和分布，具体操作流程如图 3-69 所示。

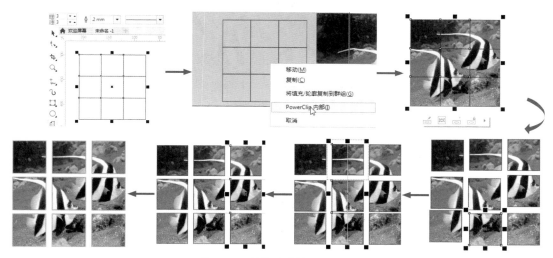

图 3-69　制作图片拼贴流程图

（实例要点） --

▶▶ 新建文档

▶▶ 使用"图纸工具"绘制表格

▶▶ 导入素材

▶▶ 应用"PowerClip 内部"命令

▶▶ 应用"取消组合对象"命令

▶▶ 通过"对齐与分布"泊坞窗设置对齐与分布

▶▶ 设置轮廓颜色

（操作步骤） --

步骤01 执行菜单栏中的"文件 / 新建"命令或按 Ctrl+N 组合键，打开"创建新文档"对话框，在对话框中所有的参数都采用默认选项，设置完成后单击"确定"按钮，新建一个空白文档。

步骤02 在工具箱中选择　（图纸工具），并在属性栏中设置"行数和列数"为 3、3，在页面中选择一个合适位置后按住 Ctrl 键的同时拖动鼠标，释放鼠标后即可绘制一个网格，如图 3-70 所示。

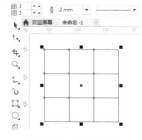

图 3-70　绘制图纸

技巧：　　（行数和列数）：在此项中可以设置图形的行数和列数，其范围为 1~99。

步骤03 执行菜单栏中的"文件 / 导入"命令，导入随书附带的"素材 \ 第 3 章 \ 鱼 .jpg"文件，如图 3-71 所示。

图 3-71　导入素材

步骤 04 使用鼠标右键拖曳"鱼"素材到绘制图纸上方，释放鼠标，在弹出的快捷菜单中选择"PowerClip 内部"命令，如图 3-72 所示。

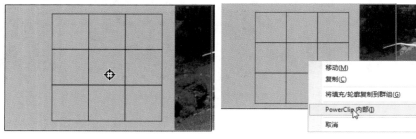

图 3-72　选择"PowerClip 内部"命令

步骤 05 应用"PowerClip 内部"命令后的效果如图 3-73 所示。

步骤 06 执行菜单栏中的"对象/组合/取消组合对象"命令，此时可以分别将单元格进行移动，效果如图 3-74 所示。

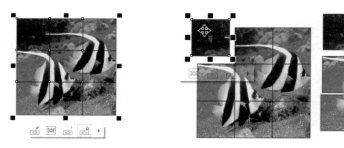

图 3-73　应用"PowerClip 内部"命令后的效果　　　　图 3-74　取消组合对象

步骤 07 调整完成后，选择顶部的 3 个矩形，在"对齐与分布"泊坞窗中单击 (顶端对齐) 按钮，效果如图 3-75 所示。

步骤 08 分别选中水平中间的 3 个矩形和底部的 3 个矩形，在"对齐与分布"泊坞窗中单击 (顶端对齐) 按钮，效果如图 3-76 所示。

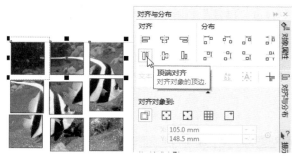

图 3-75　顶端对齐第一行矩形

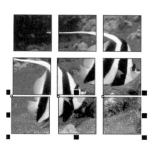

图 3-76　顶端对齐其他两行矩形

步骤 09 将左侧 3 个矩形应用"右对齐"，中间 3 个矩形选择"水平居中对齐"，右侧 3 个矩形选择"左对齐"，效果如图 3-77 所示。

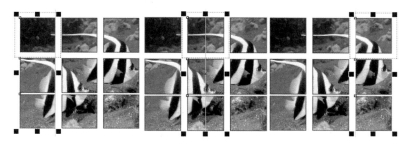

图 3-77　对齐竖列矩形

步骤 10 分别选择上中下的 3 个矩形，在"对齐与分布"泊坞窗中单击 （左分散排列）按钮，效果如图 3-78 所示。

图 3-78　左分散排列效果

步骤 11 分别选择左中右的 3 个矩形，在"对齐与分布"泊坞窗中单击 （顶部分散排列）按钮，效果如图 3-79 所示。

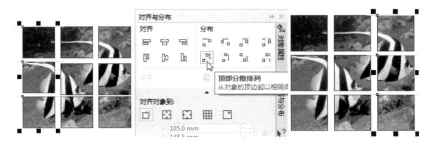

图 3-79　顶部分散排列效果

步骤⑫ 框选所有对象，在"颜色表"中右击"橘红"色标，为矩形设置轮廓颜色。至此本例制作完成，最终效果如图 3-80 所示。

图 3-80 最终效果图

实例 26 螺纹工具绘制蚊香

实例思路

◎（螺纹工具）在 CorelDRAW 中是一个比较特别的工具，主要用于绘制螺旋形图案，它可以绘制对称式螺纹和对数式螺纹。本例使用◎（螺纹工具）绘制对称式螺纹，然后将平头设置成圆头，复制副本并调整颜色，具体操作流程如图 3-81 所示。

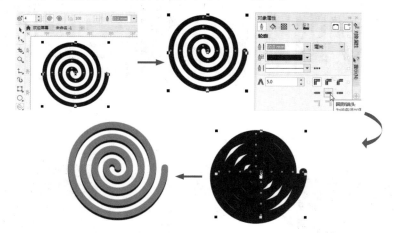

图 3-81 绘制蚊香流程图

实例要点

▶ 新建文档
▶ 使用"螺纹工具"绘制螺纹

▶ 在"对象属性"泊坞窗中设置圆头
▶ 复制副本并填充颜色

操作步骤

步骤01 执行菜单栏中的"文件 / 新建"命令或按 Ctrl+N 组合键，打开"创建新文档"对话框，在对话框中所有的参数都采用默认选项，设置完成后单击"确定"按钮，新建一个空白文档。

步骤02 在工具箱中选择◎（螺纹工具），此时属性栏会变成该工具对应的选项设置，如图 3-82 所示。

图 3-82 "螺纹工具"属性栏

其中的各项含义如下。

- ⓒ 2 ↕ （螺纹回圈）：在此项中可以设置螺纹形的圈数。
- ⓒ （对称式螺纹）：单击此按钮，可以绘制螺纹间距一致的螺纹形状。
- ◎ （对数式螺纹）：单击此按钮，可以绘制越来越紧密的螺纹回圈间距。
- Ⅰ◎ 100 ＋ （螺纹扩展参数）：用来设置新螺纹向外扩张的速率，只针对 ◎ （对数式螺纹）起作用。

步骤 03 在属性栏中设置"螺纹回圈"为 4，选择"对称式螺纹"，设置"轮廓宽度"为 10mm，在页面中选择一个合适的位置，按住 Ctrl 键的同时拖动鼠标，释放鼠标后绘制一个 4 圈的螺纹，如图 3-83 所示。

> 技巧：在属性栏中设置螺纹样式，再在页面中按住鼠标左键向对角处拖动，释放鼠标后即可绘制一个螺纹，绘制的同时按住 Ctrl 键可以绘制规则的螺纹形，拖动的方向可以决定螺纹方向。

步骤 04 执行菜单栏中的"窗口 / 泊坞窗 / 对象属性"命令，打开"对象属性"泊坞窗，单击"圆形端头"按钮，效果如图 3-84 所示。

图 3-83 绘制螺纹   图 3-84 改变端头

步骤 05 按 Ctrl+C 组合键复制，再按 Ctrl+V 组合键粘贴，系统会复制一个副本，在"颜色表"中右击"深褐"色标，如图 3-85 所示。

步骤 06 移动副本位置，完成本例的制作，最终效果如图 3-86 所示。

图 3-85 复制副本并调色   图 3-86 最终效果图

实例 27　基本形状工具绘制小羊

（**实例思路**）--

　　基本形状工具包括🔷（基本形状工具）、🔷（箭头形状工具）、🔷（流程图形状工具）、🔷（标题形状工具）、🔲（标注形状工具）。本例使用🔲（标注形状工具）绘制图形，拆分后保留像羊毛的部分，使用◯（椭圆工具）绘制椭圆并将其转换成曲线进行调整，再为其绘制其余部分，具体操作流程如图 3-87 所示。

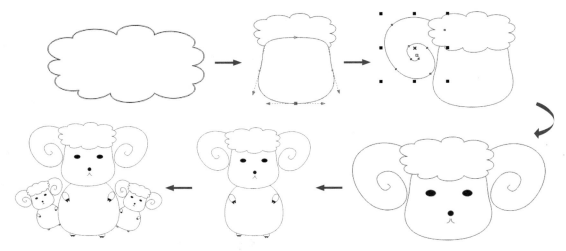

图 3-87　绘制小羊流程图

（**实例要点**）--

- ▶▶ 新建文档
- ▶▶ 使用"标注形状工具"绘制图形
- ▶▶ 按 Ctrl+Q 组合键将图形转换为曲线
- ▶▶ 使用"椭圆工具"和"钢笔工具"绘制眼睛和嘴

- ▶▶ 按 Ctrl+K 组合键进行拆分
- ▶▶ 绘制椭圆并转换成曲线
- ▶▶ 使用"形状工具"调整椭圆形状

（**操作步骤**）--

步骤**01** 执行菜单栏中的"文件 / 新建"命令或按 Ctrl+N 组合键，打开"创建新文档"对话框，在对话框中所有的参数都采用默认选项，设置完成后单击"确定"按钮，新建一个空白文档。

步骤**02** 选择🔲（标注形状工具），在属性栏中单击🔲（完美形状）按钮，在其中选择一个形状后绘制，如图 3-88 所示。

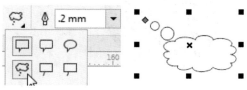

图 3-88　绘制形状

步骤 03 按 Ctrl+Q 组合键将图形转换为曲线，再按 Ctrl+K 组合键将曲线拆分，将上面的椭圆选取后删除，再将剩余的部分填充白色，如图 3-89 所示。

步骤 04 使用 ○（椭圆工具）绘制一个椭圆并填充为白色，再按 Ctrl+Q 组合键将椭圆转换为曲线，使用 （形状工具）调整椭圆形状，如图 3-90 所示。

图 3-89　拆分后删除并填充

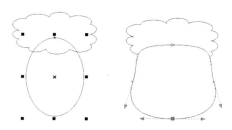

图 3-90　绘制椭圆并调整形状

步骤 05 执行菜单栏中的"对象/顺序/向后一层"命令或按 Ctrl+PgDn 组合键，改变图形顺序，如图 3-91 所示。

步骤 06 选择 ◎（螺纹工具），在属性栏中设置"螺纹回圈"为2，选择 ◎（对数式螺旋），在文档中绘制螺纹并调整顺序，复制一个副本并单击 （水平镜像）按钮，完成犄角的绘制，如图 3-92 所示。

图 3-91　改变图形顺序

图 3-92　绘制小羊犄角

步骤 07 使用 ○（椭圆工具）和 （钢笔工具）绘制眼睛和嘴，如图 3-93 所示。

步骤 08 使用 ○（椭圆工具）绘制小羊身体，按 Ctrl+Q 组合键将椭圆转换为曲线，使用 （形状工具）调整椭圆，如图 3-94 所示。

图 3-93　绘制小羊眼睛和嘴

图 3-94　绘制小羊身体

步骤 09 使用 ○（椭圆工具）和 ○（多边形工具）绘制小羊的手臂和手，如图 3-95 所示。

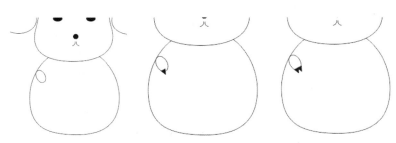

图 3-95　绘制小羊的手臂和手

步骤⑩ 使用同样的方法绘制小羊的手和脚，如图 3-96 所示。

步骤⑪ 框选整个小羊，按 Ctrl+G 组合键进行组合，复制两个副本并将其缩小。至此本例制作完成，最终效果如图 3-97 所示。

图 3-96　绘制手臂和手

图 3-97　最终效果图

本章练习与习题

练习

练习几何工具的使用。

习题

1. 使用▢（矩形工具）绘制矩形的过程中按住（　　）键可以绘制正方形。

　　A. Shift　　　　　　　B. Alt　　　　　　　C. Ctrl　　　　　　　D. Tab

2. 使用○（椭圆工具）绘制椭圆的过程中，按（　　）组合键可以绘制以单击点为中心的正圆。

　　A. Shift + Alt　　　　B. Shift + Ctrl　　　　C. Ctrl+V　　　　　D. Shift+PgUp

3. 按（　　）键，可以在当前使用的工具与▶（选择工具）之间相互切换。

　　A. Enter　　　　　　　B. 空格　　　　　　　C. Shift　　　　　　　D. Ctrl

第4章

图形与对象的编修

使用 CorelDRAW 2018 软件绘制的直线、曲线或形状，并不是都能直接使用，后期的编修是必不可少的。编修可以通过命令或工具来完成，使用工具可以更加直观地为绘制的对象进行精细的调整和编辑。本章我们将为大家讲解图形与对象的具体应用。

本章内容

▶ 形状工具编辑卡通小猪

▶ 粗糙工具调整卡通小人发型

▶ 刻刀工具与裁剪工具制作分离图像

▶ 编辑图形及相交制作卡通鼠

▶ 旋转变换及裁剪工具制作卡通插画

▶ 虚拟段删除工具制作装饰画

▶ 转动工具和变换制作对称图形

▶ 刻刀工具结合旋转变换制作石英表

▶ 变换与镜像制作水晶按钮

实例 28　形状工具编辑卡通小猪

实例思路

　　通过 CorelDRAW 2018 绘制图形时，大多数的情况下都是不能一次绘制完成的，在绘制的过程中需要进行反复的编辑与修改，才能将图形绘制得完美漂亮，这时就需要用到 🖊（形状工具）。本例使用 ▢（矩形工具）绘制矩形，将其转换成曲线后，使用 🖊（形状工具）调整形状，再使用 ◯（椭圆工具）绘制椭圆，具体操作流程如图 4-1 所示。

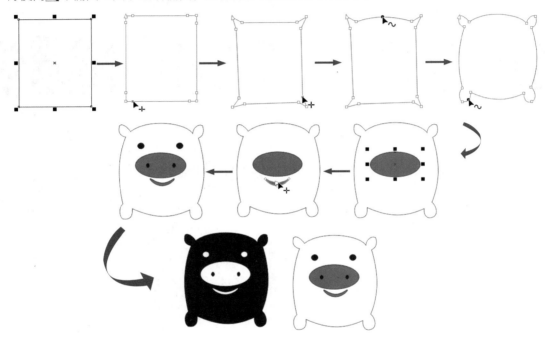

图 4-1　绘制卡通小猪流程图

实例要点

▶ 新建文档

▶ 使用"矩形工具"绘制矩形

▶ 将矩形转换为曲线

▶ 使用"形状工具"添加节点

▶ 将嘴部的椭圆转换为曲线并使用"形状工具"调整形状

▶ 使用"形状工具"将直线调整为曲线

▶ 为调整后的图形填充颜色

▶ 绘制椭圆形和正圆形

操作步骤

步骤 01 执行菜单栏中的"文件 / 新建"命令或按 Ctrl+N 组合键，打开"创建新文档"对话框，在对话框中所有的参数都采用默认选项，设置完成后单击"确定"按钮，新建一个空白文档。

步骤 02 在工具箱中选择 □（矩形工具），在页面中创建一个白色矩形，如图 4-2 所示。

步骤 03 执行菜单栏中的"对象 / 转换为曲线"命令或按 Ctrl+Q 组合键，将矩形转换成曲线，使用 ↳（形状工具）在 4 个角的边缘上双击，为其添加 8 个控制节点，如图 4-3 所示。

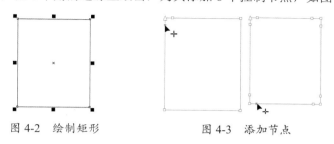

图 4-2　绘制矩形　　　　　　　　　　图 4-3　添加节点

> 提示：↳（形状工具）的属性栏与 ✐（贝塞尔工具）一致，具体的属性设置大家可以参考第 2 章中的 ✐（贝塞尔工具）。

步骤 04 使用 ↳（形状工具）拖动节点，调整图形的形状，效果如图 4-4 所示。

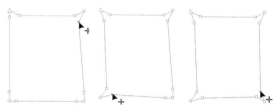

图 4-4　调整矩形形状

步骤 05 在图形的直线部分单击，然后在属性栏中单击 ⯑（转换为曲线）按钮，将直线转换成曲线后，拖动曲线将其进行调整，效果如图 4-5 所示。

图 4-5　调整直线

步骤 06 使用同样的方法调整其他直线，效果如图 4-6 所示。

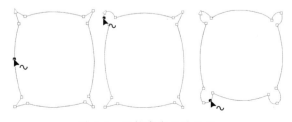

图 4-6　调整直线后的效果

步骤 07 使用○（椭圆工具）在图形上面绘制一个椭圆，在"颜色表"中单击"红"色标，将其作为小猪鼻子，效果如图 4-7 所示。

步骤 08 复制椭圆，拖动控制点将副本缩小，如图 4-8 所示。

步骤 09 按 Ctrl+Q 组合键将椭圆转换成曲线，使用（形状工具）向下拖动顶部的节点，将其作为小猪嘴巴，效果如图 4-9 所示。

  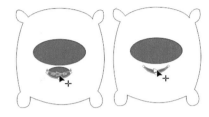

图 4-7　绘制并填充椭圆　　图 4-8　缩小复制的椭圆　　　　图 4-9　编辑小猪嘴巴

步骤 10 使用○（椭圆工具）在红色椭圆上面绘制两个黑色椭圆，将其作为小猪的鼻孔，效果如图 4-10 所示。

步骤 11 使用○（椭圆工具）并按住 Ctrl 键在图形上绘制两个黑色正圆，将其作为眼睛，效果如图 4-11 所示。

图 4-10　绘制小猪鼻孔　　　　图 4-11　绘制小猪眼睛

步骤 12 使用（选择工具）框选所有图形，向左拖动复制一个副本，效果如图 4-12 所示。

步骤 13 填充左侧小猪的颜色。至此本例制作完成，最终效果如图 4-13 所示。

图 4-12　移动复制小猪　　　　图 4-13　最终效果图

实例 29　粗糙工具调整卡通小人发型

（实例思路）- -

　　在 CorelDRAW 2018 中可以使用（粗糙工具）对曲线的轮廓进行粗糙处理，将曲线的轮廓处理为锯齿状。本例通过○（椭圆工具）绘制椭圆，转换成曲线后使用（形状工具）调整形状，使用 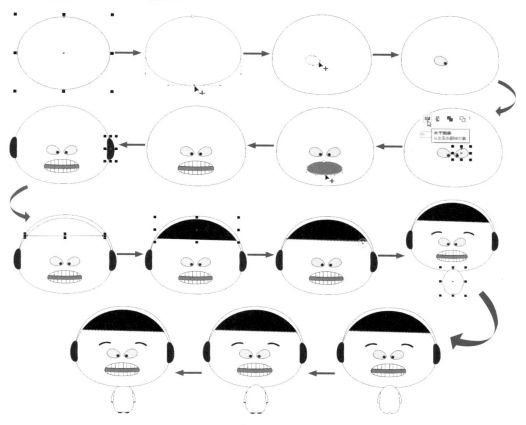（智能填充工具）局部填充颜色，再使用 （粗糙工具）调整图形边缘的粗糙效果，具体操作流程如图 4-14 所示。

图 4-14　绘制卡通小人发型流程图

实例要点 --

▶▶ 新建文档

▶▶ 使用"椭圆工具"绘制椭圆

▶▶ 将椭圆转换成曲线

▶▶ 使用"形状工具"调整形状

▶▶ 使用"贝塞尔工具"绘制曲线

▶▶ 使用"钢笔工具"绘制曲线

▶▶ 使用"手绘工具"绘制直线

▶▶ 使用"智能填充工具"填充局部颜色

▶▶ 调整图形顺序

操作步骤 --

步骤01 执行菜单栏中的"文件 / 新建"命令或按 Ctrl+N 组合键，打开"创建新文档"对话框，在对话框中所有的参数都采用默认选项，设置完成后单击"确定"按钮，新建一个空白文档。

步骤02 使用 （椭圆工具）绘制一个椭圆，执行菜单栏中的"对象 / 转换为曲线"命令或按

Ctrl+Q 组合键，将椭圆形转换成曲线，使用 ![](形状工具）向上拖动底部的控制节点，将其作为头部，效果如图 4-15 所示。

步骤 03 复制一个椭圆副本，使用 ![](选择工具）拖动控制点将其缩小，使用 ![](形状工具）拖动控制节点调整形状，再将调整后的图形填充灰色，效果如图 4-16 所示。

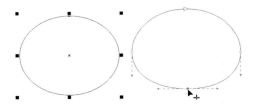

图 4-15　绘制椭圆并调整形状

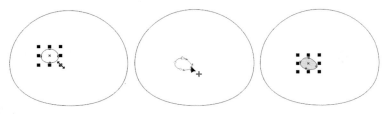

图 4-16　编辑椭圆副本

步骤 04 使用 ![](椭圆工具）并按住 Ctrl 键绘制一个黑色正圆，此时一只眼睛绘制完成，如图 4-17 所示。

步骤 05 选择整个眼睛，向右拖动复制一个副本，在属性栏中单击 ![](水平镜像）按钮，将副本水平翻转，此时眼睛绘制完成，如图 4-18 所示。

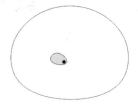
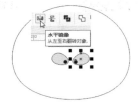

图 4-17　绘制正圆　　　　图 4-18　绘制小人眼睛

步骤 06 使用 ![](椭圆工具）绘制一个红色的椭圆，按 Ctrl+Q 组合键将椭圆转换成曲线，使用 ![](形状工具）调整形状，效果如图 4-19 所示。

步骤 07 使用 ![](贝塞尔工具）绘制两条曲线，效果如图 4-20 所示。

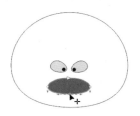
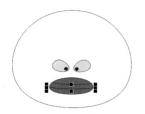

图 4-19　绘制椭圆并调整形状　　　　图 4-20　绘制曲线

步骤 08 选择 ![](智能填充工具），在属性栏中设置"填充颜色"为白色、"轮廓颜色"为黑色，在图形上单击为其填充，效果如图 4-21 所示。

步骤 09 使用 ![](手绘工具）在白色填充图形上绘制直线，此时嘴巴部分绘制完成，如图 4-22 所示。

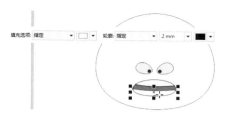

图 4-21　填充图形

图 4-22　绘制直线

步骤⑩ 选择头部复制一个副本，将其缩小，使用 ⬚（形状工具）调整形状并将其填充黑色，效果如图 4-23 所示。

步骤⑪ 复制一个图形，将副本拖曳到右侧，在属性栏中单击 ⬚（水平镜像）按钮，将副本水平翻转，效果如图 4-24 所示。

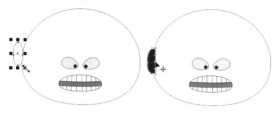

图 4-23　缩放后填充图形

步骤⑫ 使用 ⬚（钢笔工具）在两个图形之间绘制一条曲线，此时耳机绘制完成，效果如图4-25 所示。

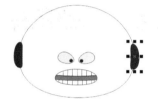

图 4-24　复制副本并镜像

图 4-25　耳机绘制完成

步骤⑬ 使用 ⬚（手绘工具）在头部绘制一条直线，效果如图 4-26 所示。

步骤⑭ 使用 ⬚（智能填充工具）将其填充为黑色，效果如图 4-27 所示。

图 4-26　绘制直线

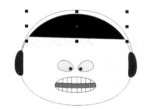

图 4-27　智能填充图形

步骤⑮ 选择 ⬚（粗糙工具），在属性栏中设置"笔尖半径"为 9.7mm，"尖突的频率"为 5，"笔倾斜"为 45°，效果如图 4-28 所示。

其中的各项含义如下（之前讲解过的功能将不再讲解）。

- ⊝ 40.0 mm ⬚（笔尖半径）：用来设置 ⬚（粗糙工具）的笔尖大小。

- ⬚ 1 ⬚（尖突的频率）：设置此项参数可以调节笔刷的尖突频率，其范围为 1~10，数值越大，尖突的密度越大；数值越小，尖突的密度越小。

- ⬚（笔压）：连接数位板和数位笔时，可以根据画笔压力调整涂抹效果的宽度。

- ⬚ 0 ⬚（干燥）：用来设置涂抹的宽窄效果，数值在 -10~10 之间。当数值为 0 时，涂抹的画笔从头到尾宽窄一致；当数值为 -10 时，随着画笔的移动会将涂抹效果变宽；

当数值为 10 时，随着画笔的移动会将涂抹效果变窄。

- ● （使用笔倾斜）：连接数位板和数位笔时，可以根据画笔绘画时的角度调整涂抹效果的形状。
- ● 45.0° （笔倾斜）：设置的数值越大，笔头就越圆滑，设置范围为 15~90。

步骤16 使用 （粗糙工具）在黑色图形底部拖动进行粗糙涂抹，效果如图 4-29 所示。

图 4-28　设置粗糙工具　　　　图 4-29　为图形进行粗糙涂抹

步骤17 使用 （椭圆工具）绘制一个黑色椭圆，按 Ctrl+Q 组合键将其转换成曲线，再使用 （形状工具）调整形状，复制一个副本并水平镜像图形，效果如图 4-30 所示。

图 4-30　绘制眉毛

步骤18 复制头像，使用 （选择工具）拖动控制点将其缩小，再使用 （形状工具）调整形状，效果如图 4-31 所示。

步骤19 在底部添加两个节点，拖动中间的节点调整形状，效果如图 4-32 所示。

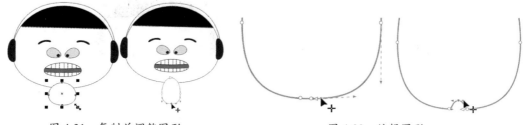

图 4-31　复制并调整图形　　　　　　　图 4-32　编辑图形

步骤20 在图形的两边添加节点，再为其调整形状，效果如图 4-33 所示。

步骤21 使用 （贝塞尔工具）绘制两条曲线，效果如图 4-34 所示。

图 4-33　编辑图形两边节点　　　　图 4-34　绘制曲线

步骤22 使用○（椭圆工具）绘制 4 个黑色椭圆，效果如图 4-35 所示。

步骤23 使用▶（选择工具）选择头像下面的对象，执行菜单栏中的"对象 / 顺序 / 到页面背面"命令（或按 Ctrl+End 组合键）。至此本例制作完成，最终效果如图 4-36 所示。

图 4-35　绘制椭圆　　　　　图 4-36　最终效果图

实例 30　刻刀工具与裁剪工具制作分离图像

实例思路

在 CorelDRAW 2018 中，可以使用▼（刻刀工具）将对象分割成多个部分，但是不会使对象的任何一部分消失，该工具不但可以编辑路径对象，还可以编辑形状对象和位图；▶（裁剪工具）可以将绘制的矢量图、群组的对象甚至是导入的位图，都能进行剪裁，最后只保留裁剪框以内的区域。本例通过"导入"命令导入素材，使用▼（刻刀工具）切割图像，使用▶（裁剪工具）裁剪图像，绘制矩形并设置颜色轮廓，再调整顺序，具体的操作流程如图 4-37 所示。

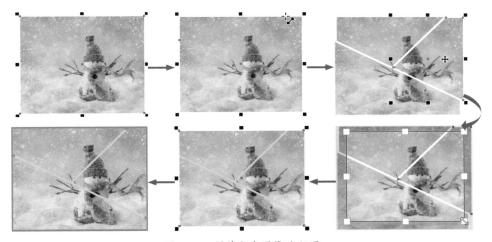

图 4-37　制作分离图像流程图

实例要点

▶ 新建文档

▶ 导入图像

▶ 使用"刻刀工具"分割图像

▶ 使用"裁剪工具"裁切图像

▶ 绘制矩形并填充颜色　　　　　　　▶ 添加轮廓

▶ 调整图形顺序

操作步骤

步骤01 执行菜单栏中的"文件 / 新建"命令或按 Ctrl+N 组合键，打开"创建新文档"对话框，在对话框中所有的参数都采用默认选项，设置完成后单击"确定"按钮，新建一个空白文档。

步骤02 执行菜单栏中的"文件 / 导入"命令，导入随书附带的"素材 \ 第 4 章 \ 雪人 .jpg"文件，如图 4-38 所示。

图 4-38　导入素材

步骤03 选择工具箱中的 🔪（刻刀工具），此时属性栏会变成该工具的选项设置，效果如图 4-39 所示。

图 4-39　"刻刀工具"属性栏

其中的各项含义如下。

● ✐（两点线模式）：以直线的方式进行切割。

● 🖊（手绘模式）：沿手绘曲线进行切割。

● ✐（贝塞尔模式）：沿贝塞尔曲线进行切割。

● 📎（剪切时自动闭合）：闭合分割对象形成的路径。

步骤04 使用 🔪（刻刀工具），在属性栏中选择 ✐（两点线模式），进行两次切割，效果如图 4-40 所示。

步骤05 使用 ▶（选择工具）选择分割后的图片并进行移动，效果如图 4-41 所示。

图 4-40　使用"刻刀工具"切割图片

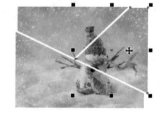

图 4-41　移动切割后的图形

技巧： 🔪（刻刀工具）在对矢量图或位图进行直线分割时，只需要当光标变为 ✛ 形状时单击鼠标，移动到另一端时再单击鼠标，即可完成切割，如图 4-42 所示。

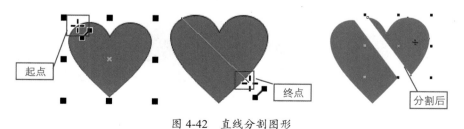

图 4-42　直线分割图形

技巧：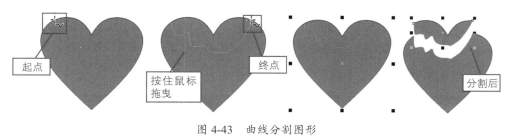（刻刀工具）在对矢量图或位图进行曲线分割时，只需要当光标变为 形状
时单击鼠标，在图形上进行随意拖动，移动到另一边缘处时再单击鼠标，即可
完成切割，如图 4-43 所示。

起点

按住鼠标
拖曳

终点

分割后

图 4-43 曲线分割图形

步骤06 在工具箱中选择 （裁剪工具），此时属性栏会变成该工具对应的选项设置，如图 4-44 所示。

X: -398.021 mm | 68.439 mm
Y: 71.73 mm | 55.033 mm

图 4-44 "裁剪工具"属性栏

其中的各项含义如下。

- X: -49.626 mm Y: -45.269 mm （裁剪位置）：手动输入数值，可以精准定位到需要裁剪的区域。
- 70.574 mm 73.515 mm （裁剪大小）：手动输入数值，可以准确裁剪对象的尺寸大小。
- .0 °（裁剪角度）：手动输入 0°~360° 的任意数值，可以对裁剪框进行旋转。
- （清除裁剪选取框）：若想取消裁剪选取框，则单击这个按钮即可。

技巧：使用 （裁剪工具）进行剪裁时，绘制的裁剪框可以调整大小和旋转任意角度，
也可以移动裁剪框所在的位置，还可以把页面中不在裁剪框内的对象全部剪切，
创建的裁剪框只要按 Esc 键即可取消。

步骤07 框选所有对象，使用 （裁剪工具）在图形上绘制一个裁剪框，按 Enter 键完成裁剪，
效果如图 4-45 所示。

图 4-45 裁剪图形

步骤08 使用 （矩形工具）在图形上面绘制一个与裁剪后图形大小一致的粉色矩形，如图 4-46
所示。

步骤09 按 Ctrl+End 组合键将矩形放置到最后面，效果如图 4-47 所示。

步骤10 在"颜色表"中右击"深褐"色标，在属性栏中设置"轮廓宽度"为 5mm，如图 4-48 所示。

步骤11 至此本例制作完成，最终效果如图 4-49 所示。

图 4-46　绘制矩形　　图 4-47　调整图形顺序　　图 4-48　设置轮廓　　图 4-49　最终效果图

实例 31　编辑图形及相交制作卡通鼠

实例思路

　　"造型"中的"相交"可以创建一个以对象重叠区域为内容的新对象。新对象的尺寸和形状与重叠区域完全相同。本例通过 ◎（多边形工具）绘制三角形，转换成曲线后进行形状的调整，使用 ◎（椭圆工具）绘制椭圆并填充颜色，通过"相交"命令为对象进行造型处理，具体操作流程如图 4-50 所示。

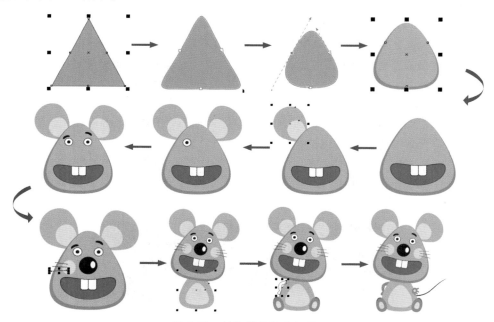

图 4-50　制作卡通鼠流程图

实例要点

▶ 新建文档

▶ 使用"多边形工具"绘制三角形

▶ 将图形转换成曲线

▶ 使用"形状工具"编辑图形

▶ 使用"椭圆工具"绘制椭圆

▶ 使用"矩形工具"绘制矩形

▶ 设置圆角矩形　　　　　　　　　　　　▶ 复制并进行镜像处理

▶ 应用"相交"造型　　　　　　　　　　　▶ 使用"艺术笔工具"绘制画笔

▶ 调整图形顺序

（操作步骤）--

步骤01 执行菜单栏中的"文件 / 新建"命令或按 Ctrl+N 组合键，打开"创建新文档"对话框，在对话框中所有的参数都采用默认选项，设置完成后单击"确定"按钮，新建一个空白文档。

步骤02 使用 ◯（多边形工具）绘制三角形，将三角形填充为灰色，去掉轮廓，按 Ctrl+Q 组合键将其转换成曲线，如图 4-51 所示。

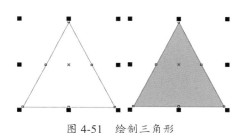

图 4-51　绘制三角形

步骤03 使用 ◤（形状工具）选择三角形的 3 个角点，在属性栏中单击 ◤（转换为曲线）按钮，将其转换成曲线，在 3 个角点上双击，将其转换成圆角效果，如图 4-52 所示。

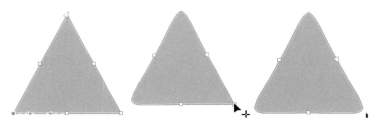

图 4-52　转换成圆角三角形

步骤04 选择其中的一个节点，拖动控制杆改变圆角的大小，效果如图 4-53 所示。

步骤05 复制一个副本，将其填充淡一点的灰色，并将其缩小，效果如图 4-54 所示。

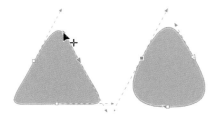
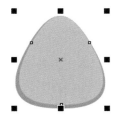

图 4-53　改变圆角大小　　　　　　图 4-54　复制并调整图形

步骤06 使用 ◯（椭圆工具）绘制一个红色的椭圆，按 Ctrl+Q 组合键将其转换成曲线，使用 ◤（形状工具）调整形状，效果如图 4-55 所示。

图 4-55　绘制椭圆并调整形状

步骤07 使用□（矩形工具）在椭圆上绘制一个白色矩形，设置 4 个角的圆角值都为 1.322mm，效果如图 4-56 所示。

步骤08 复制一个矩形向右移动，选择两个矩形按 Ctrl+G 组合键进行群组，效果如图 4-57 所示。

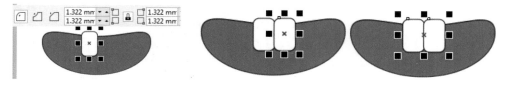

图 4-56　绘制矩形　　　　　　　　　　图 4-57　组合矩形

步骤09 将椭圆和矩形全部选取，在属性栏中单击□（相交）按钮，将相交区域填充为白色，删除之前的矩形，效果如图 4-58 所示。

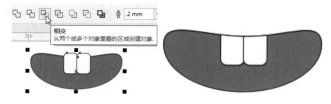

图 4-58　相交图形

步骤10 将椭圆和相交后的图形一同选取，将其拖曳到三角形上，效果如图 4-59 所示。

步骤11 使用○（椭圆工具）绘制一个椭圆，将其填充为淡灰色并去掉轮廓，按 Ctrl+Q 组合键将其转换成曲线，使用🖉（形状工具）调整图形，效果如图 4-60 所示。

 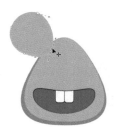

图 4-59　移动并调整图形　　　图 4-60　绘制椭圆并进行编辑

步骤12 复制一个副本，将其缩小并填充为淡粉色，选择调整后的两个椭圆，按 Ctrl+End 组合键将其放置到最底层，效果如图 4-61 所示。

步骤13 复制一个副本并向右移动，单击属性栏中的🔄（水平镜像）按钮，单击后将其进行斜切处理，效果如图 4-62 所示。

图 4-61　复制并编辑椭圆　　　　　　图 4-62　镜像并编辑图形

步骤⑭ 按 Ctrl+End 组合键将其放置到最底层，使用◯（椭圆工具）绘制白色正圆和黑色正圆，将其作为眼睛，效果如图 4-63 所示。

步骤⑮ 再使用◯（椭圆工具）绘制一个黑色椭圆，按 Ctrl+Q 组合键转换成曲线，使用⬚（形状工具）编辑椭圆形状，效果如图 4-64 所示。

图 4-63　绘制眼睛

图 4-64　绘制眉毛

步骤⑯ 选择眼睛和眉毛，复制一个副本并向右移动，单击属性栏中的▥（水平镜像）按钮，再将副本眉毛进行位置的调整，效果如图 4-65 所示。

步骤⑰ 再使用◯（椭圆工具）绘制黑色椭圆、白色椭圆和淡粉色椭圆，将它们作为鼻子和腮红，效果如图 4-66 所示。

图 4-65　镜像眼睛和眉毛

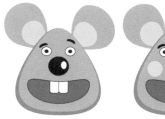

图 4-66　绘制鼻子和腮红

步骤⑱ 使用⬚（手绘工具）在腮红上绘制 3 条直线，作为胡须，效果如图 4-67 所示。

步骤⑲ 将胡须和腮红一同选取，复制一个副本并向右移动，单击属性栏中的▥（水平镜像）按钮，效果如图 4-68 所示。

步骤⑳ 将整个头像选取，单击后将其旋转，效果如图 4-69 所示。

图 4-67　绘制直线

图 4-68　镜像胡须和腮红

图 4-69　旋转图形

步骤㉑ 复制头像中的三角形，将其缩小并移动位置，作为身体部分，再复制一个副本，填充淡粉色并将其缩小，选择身体部分并按 Ctrl+End 组合键将其放置到最底层，效果如图 4-70 所示。

步骤㉒ 再使用◯（椭圆工具）绘制两个椭圆，转换成曲线后分别进行调整，将其作为脚，效果如图 4-71 所示。

图 4-70　绘制身体部分　　　　　　　　　图 4-71　绘制卡通鼠一只脚

步骤23 复制一只脚副本并向右移动，单击属性栏中的 ▦（水平镜像）按钮，效果如图 4-72 所示。

步骤24 使用 ▯（钢笔工具）绘制一个封闭图形，如图 4-73 所示。

步骤25 将其填充为灰色后去掉轮廓，按 Ctrl+End 组合键将其放置到最底层，效果如图 4-74 所示。

图 4-72　镜像另一只脚　　　图 4-73　绘制封闭图形　　　图 4-74　填充并改变顺序

步骤26 使用 ◯（椭圆工具）绘制小老鼠的另一只爪子，效果如图 4-75 所示。

步骤27 使用 ✐（艺术笔工具）中的 ▻◅（预设）在老鼠身上拖曳出一条线，将其作为尾巴，效果如图 4-76 所示。

步骤28 按 Ctrl+End 组合键将其放置到最底层。至此本例制作完成，最终效果如图 4-77 所示。

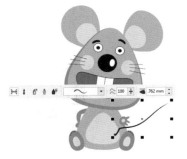

图 4-75　绘制爪子　　　　　图 4-76　绘制尾巴　　　　　图 4-77　最终效果图

实例 32　旋转变换及裁剪工具制作卡通插画

（实例思路） -

　　通过"旋转"命令，可以精确按照旋转中心点旋转变换对象。本例通过绘制矩形并将其转换成曲线，再调整成梯形，通过"旋转"变换框将图形进行旋转复制，移入素材后对整个图形进行裁剪，具体操作流程如图 4-78 所示。

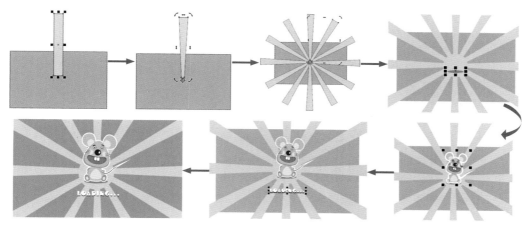

图 4-78　制作卡通插画流程图

（实例要点） -

▶▶ 新建文档　　　　　　　　　　　　　▶▶ 绘制椭圆

▶▶ 使用"矩形工具"绘制矩形　　　　　▶▶ 移入素材

▶▶ 将矩形转换为曲线并进行调整　　　　▶▶ 裁剪对象

▶▶ 旋转变换进行复制

（操作步骤） -

步骤01 执行菜单栏中的"文件 / 新建"命令或按 Ctrl+N 组合键，打开"创建新文档"对话框，在对话框中所有的参数都采用默认选项，设置完成后单击"确定"按钮，新建一个空白文档。

步骤02 使用 □（矩形工具）在页面中绘制一个大矩形，在"颜色表"中单击"50% 黑"色标，效果如图 4-79 所示。

步骤03 在矩形上面再绘制一个小矩形并填充为 30% 黑色，如图 4-80 所示。

步骤04 按 Ctrl+Q 组合键将矩形转换为曲线，使用 ⑤（形状工具）调整矩形形状，使用 ▶（选择工具）选中梯形，调整旋转中心点为梯形的底部，效果如图 4-81 所示。

步骤05 执行菜单栏中的"对象 / 变换 / 旋转"命令，打开"旋转"变换泊坞窗，设置"旋转角度"

为 30°，选中"相对中心"复选框，"副本"设置为 1，其他参数为默认值，如图 4-82 所示。

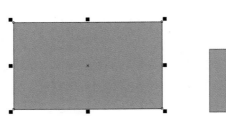

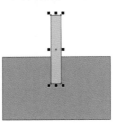

图 4-79　绘制大矩形并填充　　　图 4-80　绘制小矩形并填充

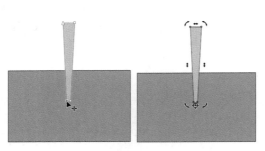

图 4-81　调整形状及中心点　　　　　图 4-82　设置变换参数

步骤 06 设置完成后单击"应用"按钮数次，直到旋转复制一周为止，效果如图 4-83 所示。

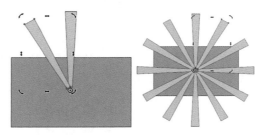

图 4-83　旋转变换梯形

技巧：应用一次变换后，按 Ctrl+D 组合键，可以重复应用变换命令。

步骤 07 使用 ▶（选择工具）框选所有对象，右击"颜色表"中的 ⊠（无填充）图标，取消对象的轮廓，如图 4-84 所示。

步骤 08 使用 ○（椭圆工具）绘制一个正圆，将其填充为 30% 黑色，同样取消轮廓，效果如图 4-85 所示。

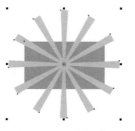

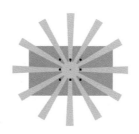

图 4-84　取消轮廓　　　　　图 4-85　绘制正圆

步骤⑨ 使用◯（椭圆工具）绘制椭圆，将其填充为 70% 黑色并去掉轮廓，如图 4-86 所示。

步骤⑩ 打开上一案例，选择绘制的卡通鼠，按 Ctrl+G 组合键进行组合，将其复制到当前文档中并调整大小和位置，如图 4-87 所示。

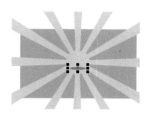
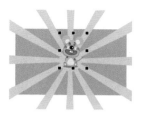

图 4-86　绘制椭圆并去掉轮廓　　　　图 4-87　移入素材并进行编辑

步骤⑪ 执行菜单栏中的"对象 / 造型 / 边界"命令，为卡通鼠创建一个边界，设置"轮廓宽度"为 2.0mm，"轮廓颜色"为白色，效果如图 4-88 所示。

步骤⑫ 按 Ctrl+PgDn 组合键，将轮廓向后移动一层，效果如图 4-89 所示。

步骤⑬ 使用字（文本工具）在图形中输入文字，效果如图 4-90 所示。

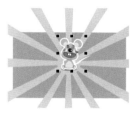
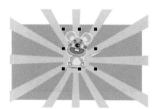

图 4-88　设置轮廓　　　图 4-89　调整顺序　　　图 4-90　输入文字

步骤⑭ 选择文字并复制一个副本，将副本填充为白色，再将副本向上移动，效果如图 4-91 所示。

步骤⑮ 使用▶（选择工具）框选所有对象，再使用✄（裁剪工具）在绘制的对象上创建一个裁剪框，如图 4-92 所示。

步骤⑯ 按 Enter 键完成裁切。至此本例制作完成，最终效果如图 4-93 所示。

图 4-91　复制文字并进行编辑　　　图 4-92　创建裁剪框　　　图 4-93　最终效果图

实例 33　虚拟段删除工具制作装饰画

（实例思路） -

　　在 CorelDRAW 2018 中，可以使用▨（虚拟段删除工具）删除相交对象中两个交叉点之间的线段，从而产生新的图形形状，在相交的区域内，只要使用▨（虚拟段删除工具）在有节点的线段上当光标变为 形状后单击，即可将其删除。本例使用 ▢（矩形工具）绘制矩形并为其填充渐变色，使用 （手绘工具）绘制封闭图形并使用 （平滑工具）编辑边缘，使用 （虚拟段删除工具）删除虚拟线，再使用 ◯（椭圆工具）绘制椭圆并进行形状的调整，在"艺术笔"泊坞窗中插入艺术笔，拆分和取消组合后将其移动到合适位置，具体操作流程如图 4-94 所示。

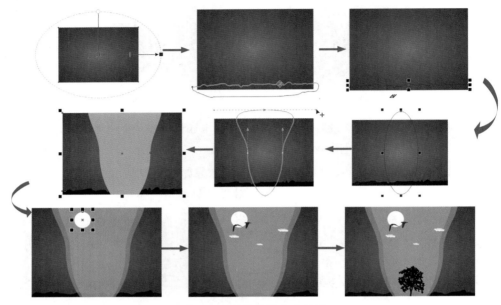

图 4-94 制作装饰画流程图

（实例要点）

▶▶ 新建文档

▶▶ 使用"矩形工具"绘制矩形

▶▶ 为矩形填充渐变色

▶▶ 使用"手绘工具"绘制封闭图形

▶▶ 使用"虚拟段删除工具"删除线段

▶▶ 使用"智能填充工具"填充颜色

▶▶ 使用"透明度工具"设置透明

▶▶ 插入艺术笔

▶▶ 拆分和取消组合

（操作步骤）

步骤 01 执行菜单栏中的"文件 / 新建"命令或按 Ctrl+N 组合键，打开"创建新文档"对话框，在对话框中所有的参数都采用默认选项，设置完成后单击"确定"按钮，新建一个空白文档。

步骤 02 使用 ▢（矩形工具）在页面中绘制一个矩形，如图 4-95 所示。

图 4-95 绘制矩形

步骤03 选择 ⬙（交互式填充工具），在属性栏中单击 🔳（编辑填充）按钮，打开"编辑填充"对话框，其中的参数设置如图4-96所示。

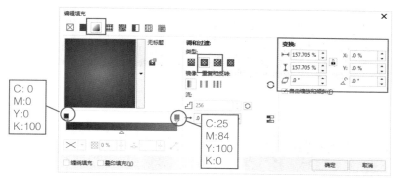

图4-96 "编辑填充"对话框

步骤04 设置完成后单击"确定"按钮，效果如图4-97所示。

步骤05 使用 ✏️（手绘工具）在矩形底部绘制一个封闭的图形，如图4-98所示。

步骤06 使用 🖊️（平滑工具）在手绘图形顶部涂抹，将其进行平滑编辑，如图4-99所示。

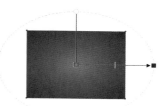

图4-97 填充后的效果

图4-98 绘制封闭图形

图4-99 平滑编辑封闭图形

步骤07 使用 🖋️（虚拟段删除工具）在手绘图形底部单击，删除线条后效果如图4-100所示。

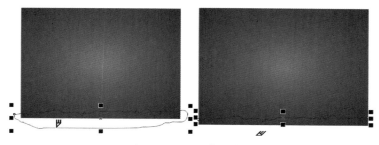

图4-100 删除虚拟线段

步骤08 使用 🖌️（智能填充工具）在两个图形相交的区域单击，将其填充为黑色，效果如图4-101所示。

步骤09 使用 ◯（椭圆工具）绘制一个椭圆，如图4-102所示。

步骤10 按Ctrl+Q组合键将椭圆转换成曲线，使用 ⬟（形状工具）编辑形状，效果如图4-103所示。

步骤11 使用 🖋️（虚拟段删除工具）删除顶部和底部的线条，效果如图4-104所示。

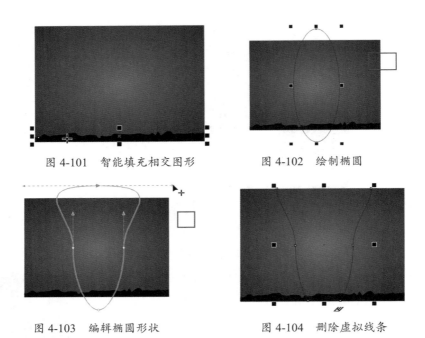

图 4-101　智能填充相交图形　　　　图 4-102　绘制椭圆

图 4-103　编辑椭圆形状　　　　图 4-104　删除虚拟线条

步骤 12 使用 ⬛（智能填充工具）为相交区域填充 "C:40、M:40、Y:0、K:0" 颜色，框选图形，在 "颜色表" 中右击 ⊠（无填充）图标，去掉图形的轮廓，效果如图 4-105 所示。

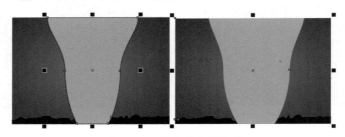

图 4-105　填色并去掉轮廓

步骤 13 选择编辑后的椭圆，使用 ▨（透明度工具）设置透明度为 49，效果如图 4-106 所示。

步骤 14 复制一个副本将其调宽，效果如图 4-107 所示。

步骤 15 使用 ◯（椭圆工具）在图形上按住 Ctrl 键绘制一个白色正圆，效果如图 4-108 所示。

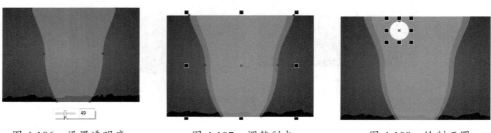

图 4-106　设置透明度　　　　图 4-107　调整副本　　　　图 4-108　绘制正圆

步骤 16 执行菜单栏中的 "效果 / 艺术笔" 命令，打开 "艺术笔" 泊坞窗，选择一个艺术笔，在页面中拖动鼠标绘制笔触，效果如图 4-109 所示。

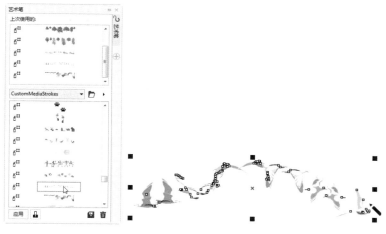

图 4-109　绘制笔触

步骤⑰ 执行菜单栏中的"对象 / 拆分艺术笔组"命令或按 Ctrl+K 组合键，将笔触拆分，效果如图 4-110 所示。

步骤⑱ 选择路径将其删除，再选择剩余的笔触，执行菜单栏中的"对象 / 组合 / 取消组合对象"命令或按 Ctrl+Shift+G 组合键取消组合对象，选择其中的两个笔触，将其缩小并填充黑色，再将其移动到白色正圆上面，效果如图 4-111 所示。

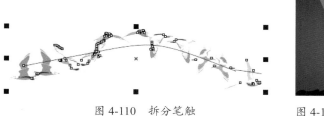

图 4-110　拆分笔触　　　　　　　　　　图 4-111　移动拆分后的笔触

步骤⑲ 在"艺术笔"泊坞窗中选择一个云彩艺术笔，在页面中拖动鼠标绘制笔触，效果如图 4-112 所示。

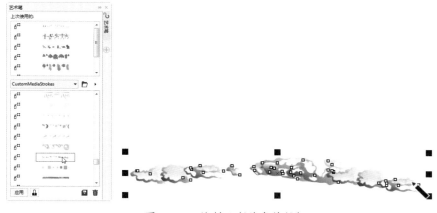

图 4-112　绘制云彩艺术笔触

步骤⑳ 执行菜单栏中的"对象 / 拆分艺术笔组"命令或按 Ctrl+K 组合键，将笔触拆分，选择路径将其删除，再选择剩余的笔触，执行菜单栏中的"对象 / 组合 / 取消组合对象"命令或按 Ctrl+Shift+G 组合键取消组合对象，选择其中的一个笔触，将其缩小并填充为白色，再将其移动到图形上面调整大小，效果如图 4-113 所示。

步骤㉑ 在"艺术笔"泊坞窗中选择一个树艺术笔，在页面中拖动鼠标绘制笔触，效果如图 4-114 所示。

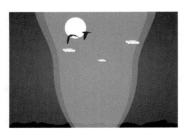

图 4-113　移动编辑后的云彩笔触

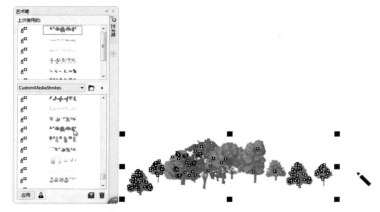

图 4-114　绘制树艺术笔触

步骤㉒ 执行菜单栏中的"对象 / 拆分艺术笔组"命令或按 Ctrl+K 组合键，将笔触拆分，选择路径将其删除，再选择剩余的笔触，执行菜单栏中的"对象 / 组合 / 取消组合对象"命令或按 Ctrl+Shift+G 组合键取消组合对象，选择其中的一个树笔触，将其填充为黑色，再将其移动到图形上面调整大小。至此本例制作完成，最终效果如图 4-115 所示。

图 4-115　最终效果图

实例 34　转动工具和变换制作对称图形

（实例思路）------------------------------------

在 CorelDRAW 2018 中，可以使用▣（转动工具）在图形或群组的对象上，通过单击鼠标左键的方式进行旋转扭曲。本例使用▢（椭圆工具）中的▣（饼形）功能绘制饼形，通过"大小"变换泊坞窗进行缩放并复制变换，使用▣（转动工具）转动图形，使用"变换"泊坞窗镜像图形，具体操作流程如图 4-116 所示。

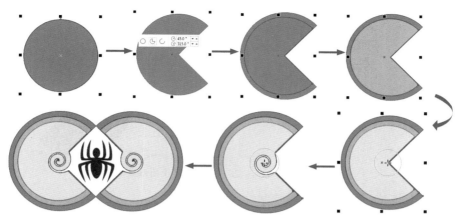

图 4-116　制作对称图形流程图

(实例要点)

▶▶ 新建文档

▶▶ 使用"椭圆工具"绘制饼形

▶▶ 通过"大小"变换泊坞窗缩小饼形

▶▶ 使用"转动工具"编辑图形

▶▶ 通过"缩放与镜像"变换泊坞窗水平镜像图形

▶▶ 插入字符

(操作步骤)

步骤01 执行菜单栏中的"文件/新建"命令或按 Ctrl+N 组合键，打开"创建新文档"对话框，在对话框中所有的参数都采用默认选项，设置完成后单击"确定"按钮，新建一个空白文档。

步骤02 使用○（椭圆工具）并按住 Ctrl 键绘制一个正圆，将其填充为绿色，在属性栏中选择⊙（饼形），设置"起始与结束角度"分别为 45°和 315°，如图 4-117 所示。

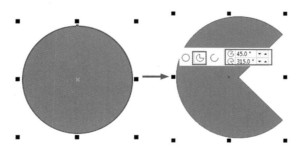

图 4-117　绘制椭圆并设置饼形

步骤03 在"变换"泊坞窗中单击回（大小）按钮，选中"按比例"复选框，设置中心点，再将数字缩小一些，单击"应用"按钮，效果如图 4-118 所示。

步骤04 将缩小后的饼形填充为橘色，再在"大小"变换泊坞窗中将参数缩小，效果如图 4-119 所示。

步骤05 再将缩小后的饼形填充为粉蓝色，效果如图 4-120 所示。

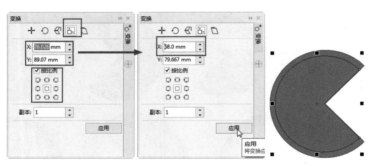

图 4-118　设置"大小"变换泊坞窗

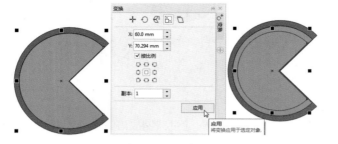

图 4-119　编辑饼形

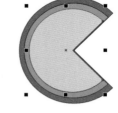

图 4-120　填充最小饼形

步骤06 框选所有对象，选择 ◎（转动工具）并设置参数，在中心位置单击鼠标将图形进行转动，效果如图 4-121 所示。

其中的各项含义如下（之前讲解过的功能将不再讲解）。

● ⏱20 ➕（速度）：用来设置 ◎（转动工具）应用效果的速度，数值越大，曲线转动的速度越快。

● ↺（逆时针转动）：用来设置 ◎（转动工具）以逆时针方向旋转。

● ↻（顺时针转动）：用来设置 ◎（转动工具）以顺时针方向旋转。

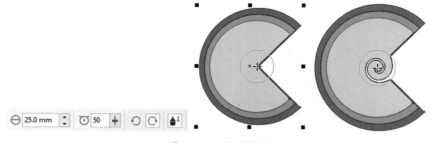

图 4-121　转动图形

> 技巧：在使用 ◎（转动工具）旋转对象时，一定要确保被旋转的对象处于选取状态。根据需要旋转的强度我们可以自行调整按鼠标的时间，时间越长，圈数越多；时间越短，圈数越少。

步骤07 在"变换"泊坞窗中单击 ◁（缩放与镜像）按钮，设置参数后单击"应用"按钮，效果如图 4-122 所示。

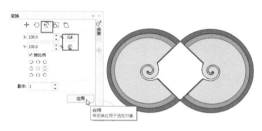

图 4-122　镜像图形

步骤08 执行菜单栏中的"文字/插入字符"命令，打开"插入字符"泊坞窗，选择字体为Webdings，选择其中的蜘蛛字符并将其拖曳到文档中，效果如图 4-123 所示。

步骤09 使用▶（选择工具）将蜘蛛字符放大。至此本例制作完成，最终效果如图 4-124 所示。

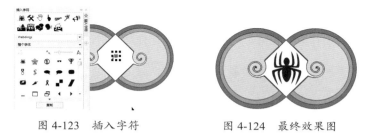

图 4-123　插入字符　　　　　　　图 4-124　最终效果图

实例 35　刻刀工具结合旋转变换制作石英表

【实例思路】

▼（刻刀工具）可以将矩形分割，"旋转"变换泊坞窗可以将对象旋转复制。本例使用□（矩形工具）绘制青色矩形，使用▼（刻刀工具）将矩形进行分割，再通过"旋转"变换泊坞窗、"位置"变换泊坞窗编辑图形，具体操作流程如图 4-125 所示。

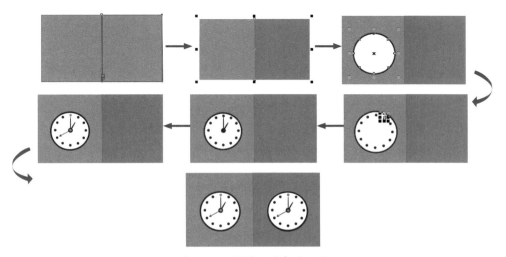

图 4-125　制作石英表流程图

实例要点

▶ 新建文档
▶ 使用"矩形工具"绘制矩形
▶ 通过"刻刀工具"分割矩形

▶ 为线条添加箭头
▶ 通过"旋转"变换泊坞窗旋转复制对象
▶ 通过"位置"变换泊坞窗复制对象

操作步骤

步骤01 执行菜单栏中的"文件/新建"命令或按 Ctrl+N 组合键，打开"创建新文档"对话框，在对话框中所有的参数都采用默认选项，设置完成后单击"确定"按钮，新建一个空白文档。

步骤02 使用□（矩形工具）在文档中绘制一个长方形，设置填充为青色，如图 4-126 所示。

步骤03 使用◤（刻刀工具）在长方形的中间位置进行垂直切割，如图 4-127 所示。

图 4-126　绘制矩形

图 4-127　使用"刻刀工具"切割矩形

步骤04 切割后矩形会变成两个部分，选择右侧的矩形将其填充为红色，如图 4-128 所示。

步骤05 框选两个矩形，在"颜色表"☒（无填充）图标上右击鼠标，去掉轮廓，效果如图 4-129 所示。

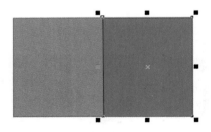

图 4-128　选择切割后的局部进行填充

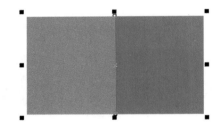

图 4-129　去掉轮廓

步骤06 使用◯（椭圆工具）在左侧矩形上绘制一个正圆，设置填充为白色、轮廓为黑色，在属性栏中设置"轮廓宽度"为 2.5mm，效果如图 4-130 所示。

步骤07 在白色正圆上使用◯（椭圆工具）绘制一个黑色正圆，单击鼠标调出旋转中心点并调整位置，如图 4-131 所示。

步骤08 执行菜单栏中的"对象/变换/旋转"命令，打开"旋转"变换泊坞窗，设置参数后单击"应用"按钮数次，直到旋转复制一周为止，效果如图 4-132 所示。

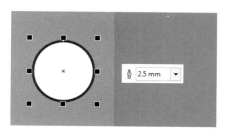

图 4-130　绘制并编辑圆形

图 4-131　绘制正圆并调整旋转中心点

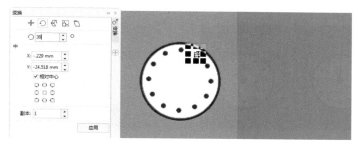

图 4-132　旋转复制

步骤09 在白色正圆中心位置绘制一个黑色正圆，再绘制两个黑色椭圆，调整旋转后移动到相应位置作为分针和时针，效果如图 4-133 所示。

步骤10 使用 （手绘工具）绘制一条直线作为秒针，在属性栏中为其设置一个箭头，效果如图 4-134 所示。

图 4-133　绘制"表"中心点和指针

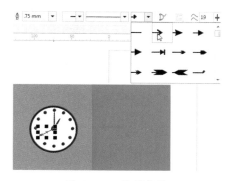

图 4-134　绘制秒针

步骤11 在"表"中心绘制一个正圆，将其填充为青色，效果如图 4-135 所示。

步骤12 框选整个"表"图形，执行菜单栏中的"对象 / 变换 / 位置"命令，在打开的"位置"变换泊坞窗中设置参数，如图 4-136 所示。

步骤13 单击"应用"按钮，效果如图 4-137 所示。

步骤14 将副本中的青色圆点填充为红色。至此本例制作完成，最终效果如图 4-138 所示。

图 4-135　绘制并填充小圆　　　　　　图 4-136　设置参数

图 4-137　复制后的效果图　　　　　　图 4-138　最终效果图

实例 36　变换与镜像制作水晶按钮

（实例思路）--

　　通过"缩放与镜像"命令，可以通过指定百分比调整对象大小，并且生成镜像效果。本例使用 ◯（椭圆工具）绘制正圆，并为其填充渐变色，通过"大小"变换泊坞窗进行缩小复制，再为其改变渐变色，使用 ▨（透明度工具）为图形创建透明度，具体操作流程如图 4-139 所示。

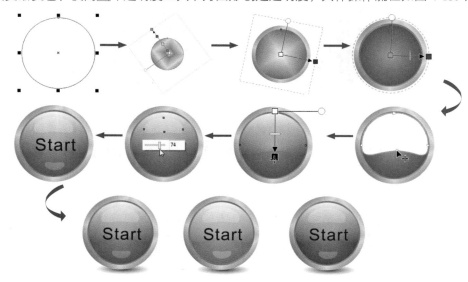

图 4-139　制作水晶按钮流程图

（实例要点） -

▶ 新建文档　　　　　　　　　　　　　　▶ 通过"大小"变换泊坞窗进行缩放复制

▶ 使用"椭圆工具"绘制正圆　　　　　　▶ 通过"缩放与镜像"命令复制对象

▶ 为正圆填充渐变色　　　　　　　　　　▶ 使用"透明度工具"编辑透明效果

（操作步骤） -

步骤01 执行菜单栏中的"文件/新建"命令或按 Ctrl+N 组合键，打开"创建新文档"对话框，在对话框中所有的参数都采用默认选项，设置完成后单击"确定"按钮，新建一个空白文档。

步骤02 使用 ◯（椭圆工具）并按住 Ctrl 键在文档中绘制一个正圆，如图 4-140 所示。

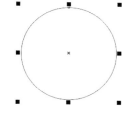

图 4-140　绘制正圆

步骤03 选择 ◈（交互式填充工具），在属性栏中单击 ▦（渐变填充）按钮，再单击 ◪（编辑填充）按钮，打开"编辑填充"对话框，其中的参数设置如图 4-141 所示。

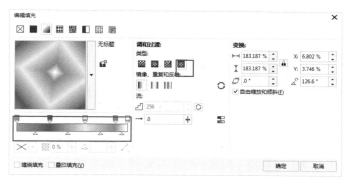

图 4-141　"编辑填充"对话框

步骤04 设置完成后单击"确定"按钮，效果如图 4-142 所示。

步骤05 在"颜色表"⊠（无填充）图标上右击鼠标，去掉轮廓，在"大小"变换泊坞窗中，其中的参数设置如图 4-143 所示。

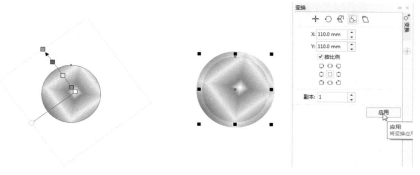

图 4-142　填充效果图　　　　　　　图 4-143　"大小"变换泊坞窗

步骤06 选择 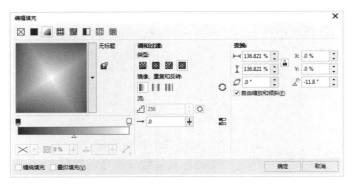（交互式填充工具），在属性栏中单击 （编辑填充）按钮，打开"编辑填充"对话框，其中的参数设置如图 4-144 所示。

图 4-144　设置"编辑填充"对话框

步骤07 设置完成后单击"确定"按钮，效果如图 4-145 所示。

步骤08 在"大小"变换泊坞窗中将图形缩小，单击"应用"按钮，效果如图 4-146 所示。

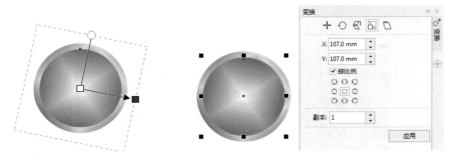

图 4-145　填充后的效果　　　　　　　　　图 4-146　缩放图形

步骤09 选择 （交互式填充工具），在属性栏中单击 （编辑填充）按钮，打开"编辑填充"对话框，其中的参数设置如图 4-147 所示。

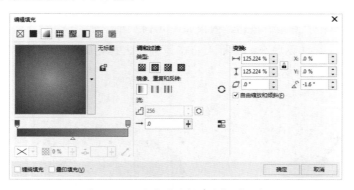

图 4-147　设置"编辑填充"对话框

步骤10 设置完成后单击"确定"按钮，效果如图 4-148 所示。

步骤11 复制一个副本，将其填充为白色，按 Ctrl+Q 组合键将其转换成曲线，使用 （形状工具）调整图形的形状，效果如图 4-149 所示。

步骤⑫ 使用▨（透明度工具）在图形上拖动，为其设置透明渐变，效果如图 4-150 所示。

图 4-148　填充后的效果图　　　　图 4-149　调整图形　　　　图 4-150　设置透明效果

步骤⑬ 使用◯（椭圆工具）绘制一个白色椭圆，按 Ctrl+Q 组合键将其转换成曲线，使用 ⬚（形状工具）编辑椭圆形状，如图 4-151 所示。

步骤⑭ 使用▨（透明度工具）设置白色椭圆的透明度为 74，效果如图 4-152 所示。

图 4-151　绘制椭圆并进行调整　　　　图 4-152　调整椭圆透明度

步骤⑮ 在"变换"泊坞窗中单击☑（缩放与镜像）按钮，设置参数后单击"应用"按钮，效果如图 4-153 所示。

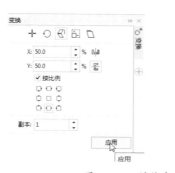

图 4-153　镜像复制效果

步骤⑯ 缩小镜像复制的副本并向下移动，再使用字（文本工具）输入文字，效果如图 4-154 所示。

步骤⑰ 使用◯（椭圆工具）绘制一个黑色椭圆，效果如图 4-155 所示。

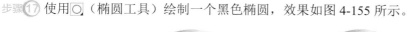

图 4-154　输入文字　　　　图 4-155　绘制椭圆

步骤⑱ 选择◼（透明度工具），在属性栏中单击◪（渐变透明度）按钮，再单击◼（椭圆形渐变透明度）按钮，此时会看到黑色椭圆已经被添加了渐变透明效果，如图 4-156 所示。

步骤⑲ 按 Ctrl+End 组合键将其放置到最后层，效果如图 4-157 所示。

图 4-156 设置透明度后的椭圆　　图 4-157 一个按钮制作完成

步骤⑳ 使用同样的方法制作另外几个不同颜色的按钮，最终效果如图 4-158 所示。

图 4-158 最终效果图

本章练习与习题

练习

1. 练习编组对象进行组内选取。

2. 练习"对象 / 变换"命令。

习题

1. 下面（　　）可以将图形一分为二。

　　A. 平滑工具　　　　B. 裁剪工具　　　　C. 刻刀工具　　　　D. 形状工具

2. 将图形变为不可编辑状态，可以应用（　　）命令。

　　A. "锁定"　　　　B. "向上一层"　　　　C. "取消群组"　　　　D. "合并"

第 5 章

填充与描边

在绘制图形对象时，大家总是希望能通过绚丽的色彩来给人以美的享受，在 CorelDRAW 2018 中，颜色填充就是最重要的一个途径。任何一个图形，如果没有经过填充和修饰，那么它就是一个空架子。颜色可以激发人的情感，创建完美的颜色搭配可以使图像更加美丽，为图形设置个性的轮廓同样可以起到画龙点睛的作用。

本章内容

▶ 为插入的"床"字符进行单色填充
▶ 渐变填充绘制水晶樱桃
▶ 通过向量图样填充制作樱桃背景
▶ 位图图样填充制作背景墙
▶ 双色与底纹填充制作插画

▶ 通过 Postscript 填充制作晶格背景
▶ 智能填充制作矢量填充图案
▶ 网状填充制作卡通牛
▶ 设置轮廓制作图形描边

实例 37　为插入的"床"字符进行单色填充

（实例思路） -

　　■（均匀填充）可以为当前对象填充单一颜色。本例通过插入一个"床"字符，转换成曲线并拆分后，再通过■（均匀填充）为图形进行单色填充，具体操作流程如图 5-1 所示。

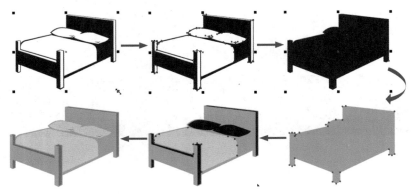

图 5-1　为"床"字符单色填充流程图

（实例要点） -

▶ 新建文档　　　　　　　　　　　　　　▶ 拆分曲线

▶ 使用"插入字符"泊坞窗插入字符符号　　▶ 使用"均匀填充"为图形填充颜色

▶ 将字符转换成曲线　　　　　　　　　　▶ 改变图形顺序

（操作步骤） -

步骤01 执行菜单栏中的"文件/新建"命令或按 Ctrl+N 组合键，打开"创建新文档"对话框，在对话框中所有的参数都采用默认选项，设置完成后单击"确定"按钮，新建一个空白文档。

步骤02 执行菜单栏中的"文本/插入字符"命令，打开"插入字符"泊坞窗，设置"字体"为Webdings，选择"床"字符，将其拖曳到页面中，如图 5-2 所示。

步骤03 拖动控制点将字符放大，效果如图 5-3 所示。

图 5-2　插入字符"床"　　　　图 5-3　放大字符

步骤 ④ 执行菜单栏中的"对象/转换为曲线"命令或按 Ctrl+Q 组合键,将插入的字符转换成曲线,效果如图 5-4 所示。

步骤 ⑤ 执行菜单栏中的"对象/拆分曲线"命令或按 Ctrl+K 组合键拆分字符,效果如图 5-5 所示。

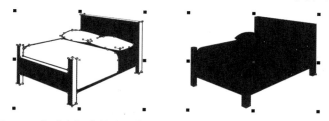

图 5-4　将"床"字符转换成曲线　　　图 5-5　拆分字符

步骤 ⑥ 使用 ▶(选择工具)在床头上单击,将其选取,在工具箱中选择 ◈(交互式填充工具),在属性栏中单击 ■(均匀填充)按钮,在"填充色"下拉列表中设置"颜色"为"C:0、M:60、Y:100、K:0",填充效果如图 5-6 所示。

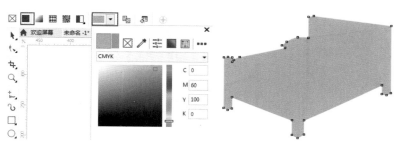

图 5-6　设置并填充颜色

其中的各项含义如下(之前讲解过的功能将不再讲解)。

● 填充色:用来选择填充颜色,在下拉列表中可以选择填充颜色的方式,主要有"显示调色板""显示颜色滑块"和"显示颜色查看器"3 种。

● ▣(复制填充):可以将文档中任意填充的颜色,复制到选择对象中。

● ▧(编辑填充):用来设置或改变填充属性,单击此按钮即可打开"编辑填充"对话框,在对话框中可以看到"显示调色板""显示颜色混合器"和"显示颜色查看器"3 种颜色调整选项标签。

> **技巧**:在属性栏中单击 ▧(编辑填充)按钮,打开的"编辑填充"对话框与在状态栏中双击 ◈(填充工具)弹出的"编辑填充"对话框是同一个。

> **技巧**:在"颜色表"中直接单击颜色色块,可以将图形按色块颜色进行填充,右击可以为图形的轮廓填充颜色。

步骤 ⑦ 执行菜单栏中的"对象/顺序/到页面背面"命令或按 Ctrl+End 组合键,将选择的区域放置到底层,效果如图 5-7 所示。

步骤 08 使用 🔾（选择工具）在被子上单击，将其选取，在工具箱中选择 🔷（交互式填充工具），在属性栏中单击 ■（均匀填充）按钮，在"填充色"下拉列表中设置"颜色"为"C:0、M:40、Y:20、K:0"，填充效果如图 5-8 所示。

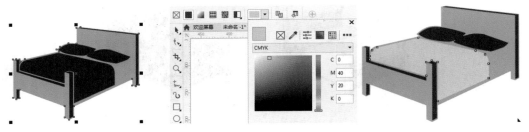

图 5-7　改变顺序　　　　　　　　　　　　　　　　　　图 5-8　填充被子

步骤 09 为枕头同样填充"C:0、M:40、Y:20、K:0"颜色，效果如图 5-9 所示。

步骤 10 按 Ctrl+PgDn 组合键 6 次，将枕头向后移动 6 层，效果如图 5-10 所示。

步骤 11 选择枕头的角，将其填充"C:0、M:100、Y: 0、K:0"颜色，效果如图 5-11 所示。

图 5-9　填充枕头　　　　图 5-10　改变枕头顺序　　　　图 5-11　填充枕头的角

步骤 12 选择床上的黑颜色，将其填充为红色，效果如图 5-12 所示。

步骤 13 将剩余的黑色都填充为红色。至此本例制作完成，最终效果如图 5-13 所示。

图 5-12　填充床其他部分　　　　图 5-13　最终效果图

实例 38　渐变填充绘制水晶樱桃

（实例思路）--

　　"渐变填充"是由不同百分比的基本色间的渐变混合所衍生出来的颜色，可以是从一种颜色到另一种颜色的多色渐变，也可以是黑白灰之间的无色系渐变。与单色填充不同之处是单色填充只要一种颜色，而渐变填充是由两种或两种以上的颜色组成。本例使用 🔾（椭圆工具）绘制椭圆并将其转换成曲线后调整形状，通过▨（渐变填充）为其填充渐变色，复制图形调整形状并设置透明度，具体操作流程如图 5-14 所示。

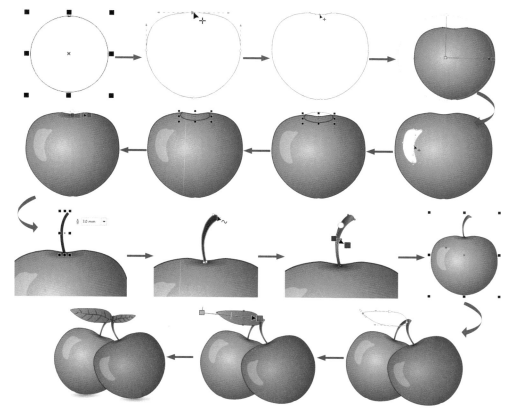

图 5-14　绘制水晶樱桃流程图

（实例要点）

▶▶ 新建文档

▶▶ 使用"椭圆工具"绘制椭圆

▶▶ 将椭圆转换成曲线

▶▶ 使用"形状工具"编辑曲线

▶▶ 使用"渐变填充"填充渐变色

▶▶ 将轮廓转换成对象并进行形状编辑

▶▶ 设置透明度

（操作步骤）

步骤01 执行菜单栏中的"文件 / 新建"命令或按 Ctrl+N 组合键，打开"创建新文档"对话框，在对话框中所有的参数都采用默认选项，设置完成后单击"确定"按钮，新建一个空白文档。

步骤02 使用◯（椭圆工具）绘制一个椭圆，按 Ctrl+Q 组合键将椭圆转换成曲线，使用 （形状工具）调整椭圆形状，效果如图 5-15 所示。

步骤03 使用 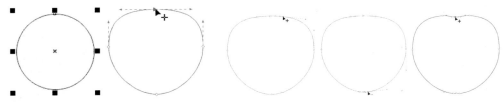（形状工具）在曲线上双击添加节点，再调整节点位置改变形状，效果如图 5-16 所示。

图 5-15　绘制椭圆并调整形状　　　　　图 5-16　添加节点调整形状

步骤04 在工具箱中选择 （交互式填充工具），在属性栏中单击 （渐变填充）按钮，再单击 （编辑填充）按钮，打开"编辑填充"对话框，其中的参数设置如图 5-17 所示。

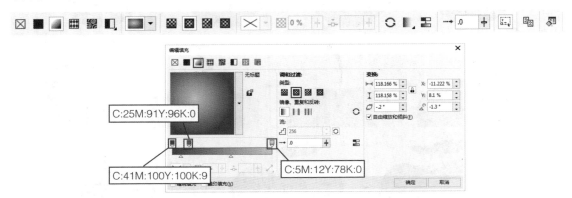

图 5-17　设置渐变色

其中的各项含义如下（之前讲解过的功能将不再讲解）。

● 填充挑选器：用来在收藏夹或用户内容中选择填充效果。

● ▨ ▨ ▨ ▨ （填充类型）：用来设置在对象中填充渐变的类型，其中包含▨（线性渐变填充）、▨（椭圆形渐变填充）、▨（圆锥形渐变填充）和▨（矩形渐变填充）。

● 节点颜色：用来设置填充对象中填充渐变色节点的颜色，选择节点后单击"节点颜色"，即可在下拉列表中选择节点颜色，每次只能设置一个节点的颜色。

● ▨0%＋（节点透明度）：用来设置当前填充节点颜色的透明效果，数值越大，越透明。

技巧：在渐变色的节点上单击，系统会弹出一个编辑当前节点的快捷菜单，可以在上面改变节点颜色和透明度效果。在两个节点中间线上双击鼠标，会重新添加一个颜色节点，如图 5-18 所示。在新添加的颜色节点上双击，可以将当前节点删除，不是新添加的节点不能被删除。

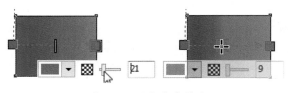

图 5-18　添加颜色节点

- （节点位置）：用来设置新添加节点在最初两个节点之间的位置。
- （反转填充）：单击此按钮，可以将渐变填充的顺序进行反转。
- （排列）：用来设置镜像或重复渐变填充，单击可以在下拉列表中看到填充模式，将后面颜色节点位置向中间拖曳，可以看到不同排列填充时的效果。
- （平滑）：用来设置渐变填充时两个节点之间更加平滑的过渡效果。
- （速度）：指定渐变填充从一个颜色调和到另一个颜色的速度，数值在 -100~100 之间。
- （自由缩放和倾斜）：允许填充时不按比例倾斜和显示延伸。

步骤05 设置完成后单击“确定”按钮，效果如图 5-19 所示。

步骤06 复制一个副本，在“颜色表”中单击“白色”色块，再右击（无填充）图标，使用（选择工具）将其缩小，再使用（形状工具）调整形状，如图 5-20 所示。

步骤07 使用（透明度工具）为图形设置透明度为 72，效果如图 5-21 所示。

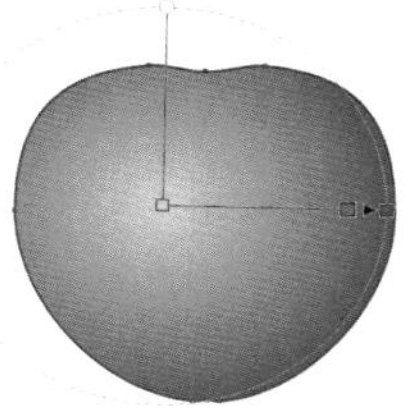

图 5-19 填充渐变色

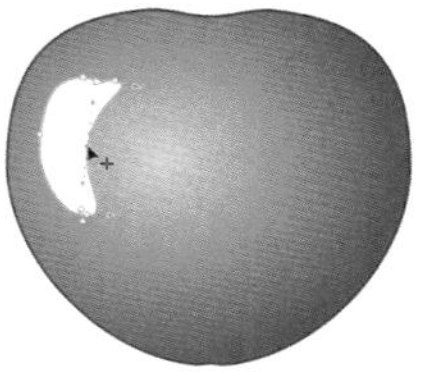

图 5-20 填充副本并调整形状

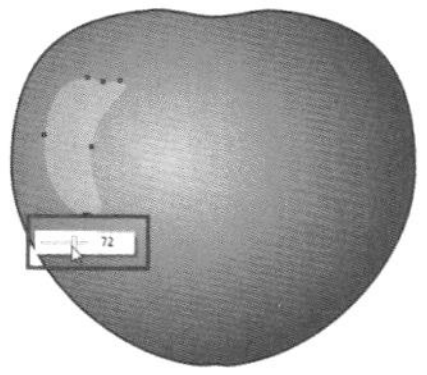

图 5-21 设置透明度

步骤08 使用（椭圆工具）绘制一个椭圆，再将其与后面的图形一同选取，单击属性栏中的（相交）按钮，效果如图 5-22 所示。

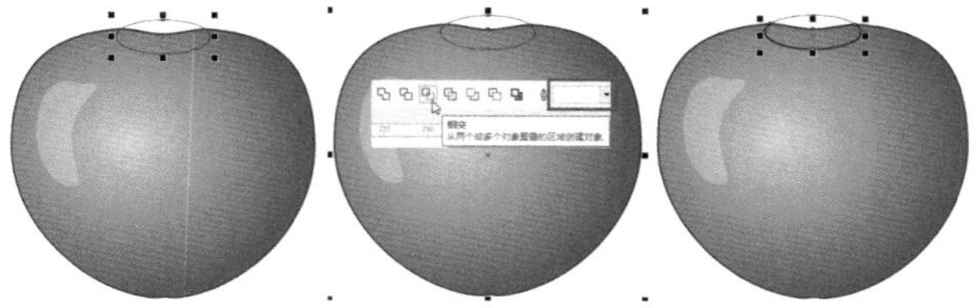

图 5-22 绘制椭圆并与后面图形相交

步骤09 删除椭圆形，选择相交后的区域，如图 5-23 所示。

步骤10 在工具箱中选择（交互式填充工具），在属性栏中单击（渐变填充）按钮，再单击（编辑填充）按钮，打开“编辑填充”对话框，其中的参数设置如图 5-24 所示。

步骤11 设置完成后单击“确定”按钮，在“颜色表”中右击（无填充）图标去掉轮廓，效果如图 5-25 所示。

步骤12 复制一个副本并将其缩小，效果如图 5-26 所示。

步骤13 使用（贝塞尔工具）绘制一条曲线，设置“轮廓宽度”为 3.0mm，效果如图 5-27 所示。

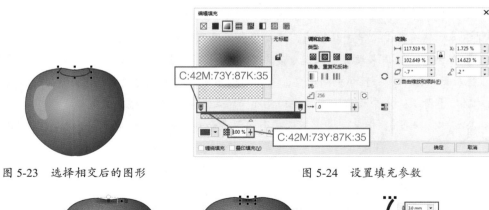

图 5-23　选择相交后的图形　　　　　　　图 5-24　设置填充参数

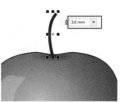

图 5-25　填充后的效果　　　图 5-26　复制副本并缩小　　　图 5-27　绘制曲线

步骤 14 执行菜单栏中的"对象 / 将轮廓转换为对象"命令或按 Ctrl+Shift+Q 组合键，将曲线转换成对象，如图 5-28 所示。

步骤 15 使用 （形状工具）调整形状，效果如图 5-29 所示。

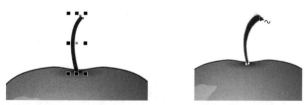

图 5-28　将曲线转换成对象　　　　图 5-29　调整曲线

步骤 16 在工具箱中选择 （交互式填充工具），在属性栏中单击 （渐变填充）按钮，再单击 （编辑填充）按钮，打开"编辑填充"对话框，其中的参数设置如图 5-30 所示。

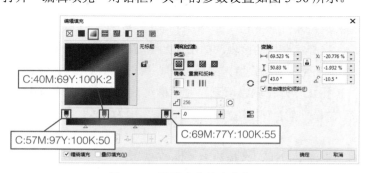

图 5-30　设置曲线填充参数

步骤 17 设置完成后单击"确定"按钮，效果如图 5-31 所示。

步骤 18 选取整个樱桃，复制一个副本，将副本进行旋转并改变填充颜色，效果如图 5-32 所示。

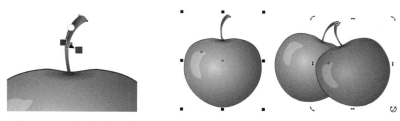

图 5-31 填充后的效果   图 5-32 复制并编辑副本

步骤⑲ 使用◯（椭圆工具）绘制一个椭圆，按 Ctrl+Q 组合键将其转换成曲线，使用 ⒧（形状工具）调整椭圆形状，效果如图 5-33 所示。

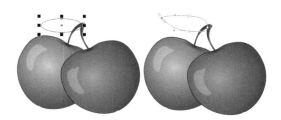

图 5-33 绘制并调整椭圆

步骤⑳ 在工具箱中选择◇（交互式填充工具），在属性栏中单击▨（渐变填充）按钮，再单击▧（编辑填充）按钮，打开"编辑填充"对话框，其中的参数设置如图 5-34 所示。

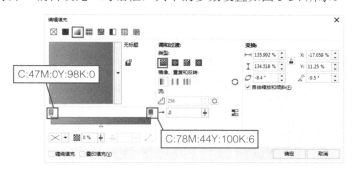

图 5-34 设置渐变色

步骤㉑ 设置完成后单击"确定"按钮，效果如图 5-35 所示。

步骤㉒ 选择 ⒩（艺术笔工具），在属性栏中单击 ▸◂（预设）按钮，设置预设画笔，在图形上绘制笔触，效果如图 5-36 所示。

 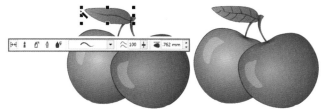

图 5-35 填充渐变色   图 5-36 绘制笔触

步骤㉓ 复制一个叶子，单击属性栏中的 ▥（水平镜像）按钮，将副本缩小，效果如图 5-37 所示。

步骤 24 使用 ⚪（椭圆工具）绘制一个灰色椭圆，使用 ▦（透明度工具）为其设置 ▦（椭圆形渐变透明）效果，如图 5-38 所示。

步骤 25 按 Ctrl+End 组合键将其调整到最后面，再复制一个将其移动到另一个樱桃底部。至此本例制作完成，最终效果如图 5-39 所示。

图 5-37　镜像并缩小叶子　　　　图 5-38　绘制椭圆并设置透明度　　　　图 5-39　最终效果图

实例 39　通过向量图样填充制作樱桃背景

实例思路

"向量图样填充"又称为"矢量图样"，是比较复杂的矢量图形，可以由线条和填充组成。本例通过设置 ▦（来自工作区的新源）来定义填充图案，再对其进行填充和编辑设置，具体操作流程如图 5-40 所示。

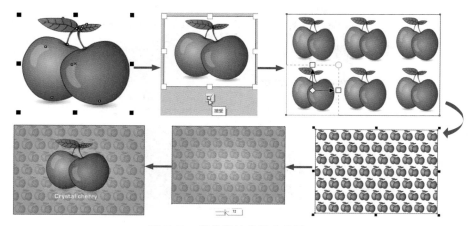

图 5-40　制作樱桃背景流程图

实例要点

▶ 新建文档

▶ 使用"矩形工具"绘制矩形

▶ 使用向量图样填充

▶ 设置向量图样填充

▶ 填充渐变色

▶ 移入素材

▶ 调整图形顺序

▶ 设置透明度

操作步骤 ----------

步骤①1 执行菜单栏中的"文件 / 新建"命令或按 Ctrl+N 组合键，打开"创建新文档"对话框，在对话框中所有的参数都采用默认选项，设置完成后单击"确定"按钮，新建一个空白文档。

步骤②2 打开上一案例中绘制的樱桃，将其复制到新建文档中，如图 5-41 所示。

步骤③3 使用 □（矩形工具）在页面中绘制一个矩形，如图 5-42 所示。

图 5-41 复制素材

图 5-42 绘制矩形

步骤④4 在工具箱中选择 ◇（交互式填充工具），在属性栏中单击 ▦（向量图样填充）按钮，再单击 ▨（编辑填充）按钮，打开"编辑填充"对话框，在对话框中单击 ▦（来自工作区的新源）按钮，在樱桃上创建选取框，如图 5-43 所示。

⊠ ■ ◢ ▦ ▨ ▌ ▨ ▾ ┅ ┅ ⚡ ▨ ▨

图 5-43 设置"编辑填充"对话框

其中的各项含义如下。

● 填充挑选器：用来在收藏夹或用户内容中选择填充效果。
● ┅（水平镜像平铺）：排列平铺可以在水平方向上形成反射。
● ┅（垂直镜像平铺）：排列平铺可以在垂直方向上形成反射。
● ⚡（变换对象）：将变换应用到填充中。
● ▨（另存为新）：可以保存和共享当前的填充。
● 来源：用来设置填充的源图像区域。
● ▦（来自工作区的新源）：单击此按钮，可以通过框选来重新定义填充源。
● ▨（来自文件的新源）：用来在打开的文件夹中选择图片作为新的填充源。
● 变换：用来设置填充源的精确变换。
● 变换对象：选中此复选框，变换填充后的对象时，填充源跟随变换。

步骤⑤5 设置完成后单击"确定"按钮，在樱桃上创建一个选取框，如图 5-44 所示。

步骤 06 单击 （接受）按钮，选取的区域会自动填充到矩形内，效果如图 5-45 所示。

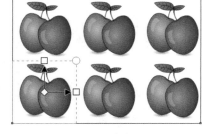

图 5-44　选取　　　　　　　　　　　　　图 5-45　填充效果

步骤 07 单击 （编辑填充）按钮，打开"编辑填充"对话框，其中的参数设置如图 5-46 所示。

> **技巧**：对选取的内容进行编辑填充时，还可以直接通过"对象属性"泊坞窗中 （填充）
> 下的 （向量图案填充）标签进行设置。

步骤 08 设置完成后单击"确定"按钮，效果如图 5-47 所示。

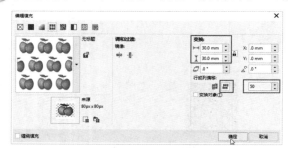
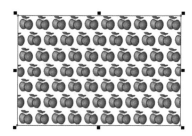

图 5-46　"编辑填充"对话框　　　　　　　图 5-47　填充后的效果

步骤 09 复制一个副本，执行菜单栏中的"窗口/泊坞窗/对象属性"命令，打开"对象属性"泊坞窗，单击 （填充）按钮，再单击 （渐变填充）按钮，在泊坞窗中设置渐变色，如图 5-48 所示。

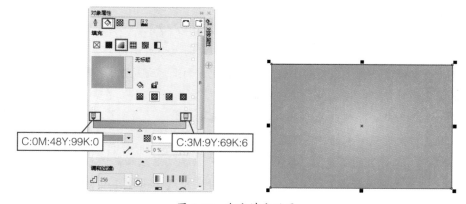

图 5-48　渐变填充效果

步骤 10 按 Ctrl+End 组合键将其调整到最底层，效果如图 5-49 所示。

步骤 11 选择向量填充图形，使用 （透明度工具）设置透明度为 72，效果如图 5-50 所示。

步骤⑫将樱桃拖曳到矩形上,使用字（文本工具）选择合适的文字字体,在樱桃的下方输入文字。至此本例制作完成,最终效果如图 5-51 所示。

图 5-49 改变图形顺序

图 5-50 设置透明度

图 5-51 最终效果图

实例 40 位图图样填充制作背景墙

（实例思路）

位图图样填充是将预先设置好的许多规则的彩色图片填充到对象中,这种图案和位图图像一样,有着丰富的色彩。本例使用□（矩形工具）绘制矩形,使用 （手绘工具）绘制直线,选择矩形,为其通过"位图图样填充"中的 （来自文件的新源）来制作位图填充,具体操作流程如图 5-52 所示。

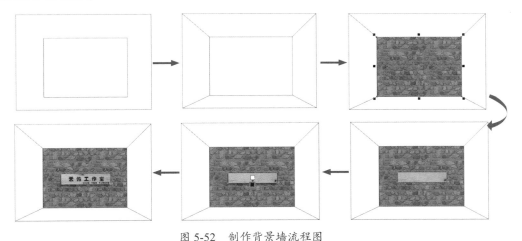

图 5-52 制作背景墙流程图

（实例要点）

▶▶ 新建文档

▶▶ 使用"矩形工具"绘制矩形

▶▶ 使用"手绘工具"绘制直线

▶▶ 为矩形填充位图图样

▶▶ 添加阴影

▶▶ 输入文字

操作步骤

步骤①① 执行菜单栏中的"文件 / 新建"命令或按 Ctrl+N 组合键，打开"创建新文档"对话框，在对话框中所有的参数都采用默认选项，设置完成后单击"确定"按钮，新建一个空白文档。

步骤②② 使用 □（矩形工具）在文档中绘制两个矩形，如图 5-53 所示。

步骤③③ 使用 ✎（手绘工具）在两个矩形之间创建连接线，使其出现透视效果，如图 5-54 所示。

步骤④④ 选择中间的小矩形，选择 ◇（交互式填充工具），在属性栏中单击 ▨（位图图样填充）按钮，再单击 ▦（编辑填充）按钮，打开"编辑填充"对话框，在对话框中单击 ▦（来自文件的新源）按钮，如图 5-55 所示。

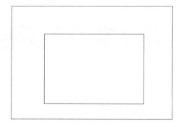

图 5-53　绘制矩形

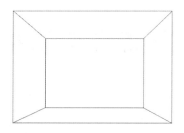

图 5-54　绘制连接线

图 5-55　设置"编辑填充"对话框

其中的各项含义如下。

● ◎（径向调和）：在每个图样平铺角中，在对角线方向调和图像的一部分。

● ≡ 50% （线性调和）：调和图样平铺边缘和相对边缘。

● 边缘匹配：使图样平铺边缘与相对边缘的颜色过渡平滑。

● 亮度：增加或降低图样的亮度。

● 亮度：增加或降低图样的灰阶对比度。

● 颜色：增加或降低图样的颜色对比度。

步骤⑤⑤ 单击后系统会弹出"导入"对话框，选择"墙面 .jpg"文件，如图 5-56 所示。

步骤⑥⑥ 单击"导入"按钮，在"对象属性"泊坞窗中单击 ◇（填充）按钮，再单击 ▨（位图

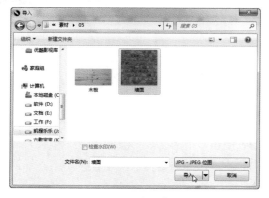

图 5-56　导入素材

图样填充）按钮，并设置图像参数，效果如图 5-57 所示。

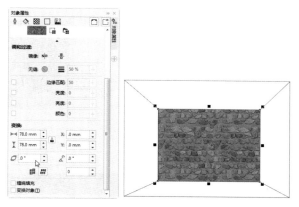

图 5-57　编辑素材

步骤⑦ 使用□（矩形工具）在墙面上绘制一个小一点的矩形，如图 5-58 所示。

步骤⑧ 在"对象属性"泊坞窗中选择◇（填充），再选择▓（位图图样填充），在面板中单击▓（来自文件的新源）按钮，导入"木板 .jpg"素材，再设置变换参数，如图 5-59 所示。

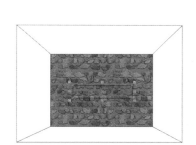

图 5-58　绘制矩形

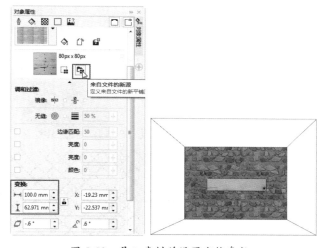

图 5-59　导入素材并设置变换参数

步骤⑨ 使用▢（阴影工具）从木板上端向下拖动鼠标，为木板添加投影，在属性栏中设置参数，效果如图 5-60 所示。

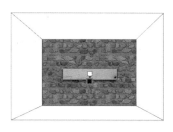

图 5-60　添加投影

步骤⑩ 使用 字 （文本工具）在木板上输入合适的文字。至此本例制作完成，最终效果如图 5-61 所示。

图 5-61　最终效果图

实例 41　双色与底纹填充制作插画

实例思路 -

"底纹填充"是随机生成的填充，可赋予对象自然的外观；"双色图样填充"只有两种颜色，但刷新和打印速度较快，是用户非常喜爱的一种填充方式。本例通过 □（矩形工具）绘制矩形，并为其进行"底纹"和"双色图样"填充，再使用 ▨（透明度工具）创建透明效果，通过"相交"创建相交区域并插入字符，具体操作流程如图 5-62 所示。

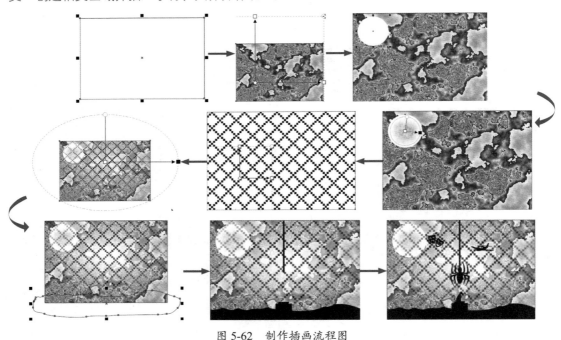

图 5-62　制作插画流程图

实例要点 -

▶▶ 新建文档　　　　　　　　　　　　　　▶▶ 使用"底纹填充"填充底纹

▶▶ 使用"矩形工具"绘制矩形　　　　　　 ▶▶ 使用"双色图样填充"填充图案

▶ 使用 "透明度工具" 创建透明效果　　　▶ 应用 "相交" 创建相交区域

▶ 复制图形　　　▶ 使用 "插入字符" 泊坞窗插入字符

▶ 使用 "手绘工具" 绘制图形

操作步骤

步骤01 执行菜单栏中的 "文件 / 新建" 命令或按 Ctrl+N 组合键,打开 "创建新文档" 对话框,在对话框中所有的参数都采用默认选项,设置完成后单击 "确定" 按钮,新建一个空白文档。

步骤02 使用□(矩形工具)在页面中绘制一个矩形,如图 5-63 所示。

步骤03 选择◆(交互式填充工具),在属性栏中单击▦(底纹填充)按钮,在 "底纹库" 中选择 "样式",在 "填充挑选器" 中选择其中的一个底纹,如图 5-64 所示。

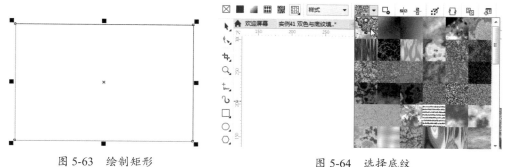

图 5-63　绘制矩形　　　图 5-64　选择底纹

其中的各项含义如下。

● 底纹库:用来存放填充底纹的位置,默认存放 7 个底纹库。

● 填充挑选器:用于在底纹库中选择填充纹理。

● ▣(底纹选项):在其中可以设置位图分辨率和最大平铺宽度。

● ▣(重新生成底纹):单击此按钮,可以重新设置各个填充参数,以此来改变底纹效果。

步骤04 填充矩形并拖动填充控制点将底纹放大,效果如图 5-65 所示。

步骤05 使用○(椭圆工具)绘制一个白色正圆并去掉轮廓,效果如图 5-66 所示。

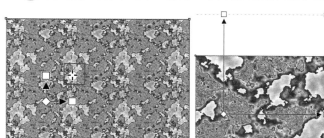

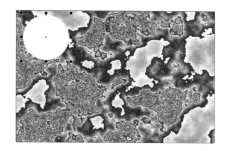

图 5-65　填充矩形　　　图 5-66　绘制正圆

步骤06 复制一个正圆,选择◆(交互式填充工具),在属性栏中单击▦(底纹填充)按钮,再单击▣(编辑填充)按钮,打开 "编辑填充" 对话框,参数设置如图 5-67 所示。

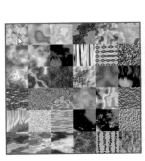

图 5-67　设置"编辑填充"对话框

其中的各项含义如下（之前讲解过的功能将不再讲解）。

- 变换：在其中可以设置"镜像""位置""大小""变换""行或列偏移"等参数。用户可以更改底纹中心来创建自定义填充。
- 选项：在其中可以设置位图分辨率和最大平铺宽度。
- 随机化：使用不同的参数重新进行填充。
- ➕（保存底纹）：单击此按钮，弹出"保存底纹为"对话框，在"底纹名称"文本框输入底纹名称，并在"库名称"下拉列表中选择保存的位置，然后单击"确定"按钮，即可保存自定义的底纹填充效果。
- ➖（删除底纹）：将当前编辑底纹删除。

步骤 07 设置完成后单击"确定"按钮，效果如图 5-68 所示。

步骤 08 使用▦（透明度工具）为正圆设置▦（椭圆形渐变透明）效果，如图 5-69 所示。

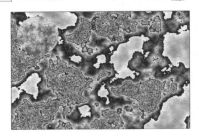
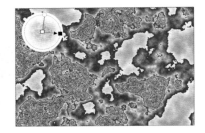

图 5-68　填充复制的圆形　　　　图 5-69　为圆形设置透明效果

步骤 09 复制一个矩形副本，选择◇（交互式填充工具），在属性栏中单击▮（双色图样填充）按钮，在"第一种填色或图样"下拉列表中选择一个图样，效果如图 5-70 所示。

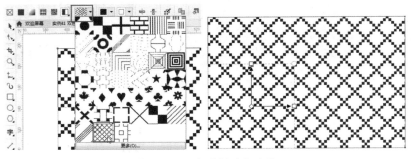

图 5-70　双色图样填充效果

其中的各项含义如下（之前讲解过的功能将不再讲解）。

● ■▾（前景颜色）：在其中可以设置双色图样填充的纹理颜色。

● □▾（背景颜色）：在其中可以设置双色图样填充的背景颜色。

步骤⑩ 使用▨（透明度工具）为双色填充的矩形设置▨（椭圆形渐变透明）效果，如图 5-71 所示。

步骤⑪ 复制一个副本，在属性栏中单击▨（无透明）按钮，去掉透明效果，选择◈（交互式填充工具），在属性栏中单击▮（双色图样填充）按钮，设置"前景颜色"为红色，效果如图 5-72 所示。

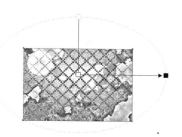

图 5-71　编辑透明效果

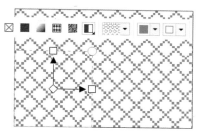

图 5-72　设置颜色

步骤⑫ 使用▨（透明度工具）为双色填充的矩形设置▨（椭圆形渐变透明）效果，如图 5-73 所示。

步骤⑬ 使用⊷（手绘工具）绘制一个封闭图形，效果如图 5-74 所示。

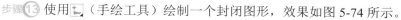

图 5-73　调整透明

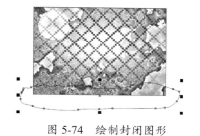

图 5-74　绘制封闭图形

步骤⑭ 将其与后面的矩形一同选取，在属性栏中单击▣（相交）按钮，将相交区域填充为黑色，如图 5-75 所示。

> 技巧：将两个对象创建相交时，当有一方为应用透明效果的图形，相交区域会出现透明效果，此时只要选择▨（透明度工具），在属性栏中单击▨（无透明）按钮，去掉透明效果即可再对其进行填充。

步骤⑮ 删除绘制的封闭图形，使用□（矩形工具）绘制 3 个黑色矩形，如图 5-76 所示。

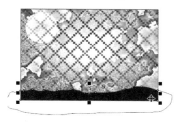

图 5-75　填充相交区域

图 5-76　绘制矩形

步骤⑯ 执行菜单栏中的"文本/插入字符"命令，打开"插入字符"泊坞窗，设置"字体"为 Webdings，选择其中的"小猫""飞机"和"蜘蛛"字符，将其拖曳到页面中，如图 5-77 所示。

图 5-77　插入字符

步骤⑰ 在"插入字符"泊坞窗中选择"面具"字符，将其拖曳到文档中，效果如图 5-78 所示。

步骤⑱ 执行菜单栏中的"对象/转换为曲线"命令或按 Ctrl+Q 组合键，将其转换成曲线，效果如图 5-79 所示。

图 5-78　插入"面具"字符　　　　　图 5-79　将字符转换成曲线

步骤⑲ 执行菜单栏中的"对象/拆分曲线"命令或按 Ctrl+K 组合键，将曲线拆分，效果如图 5-80 所示。

步骤⑳ 选择最前面的图形按 Ctrl+End 组合键，将其放置到最后面，选择前面的两个面具进行删除，再将眼睛、嘴巴处填充为白色，效果如图 5-81 所示。

图 5-80　拆分曲线　　　　　　图 5-81　编辑面具

步骤㉑ 选择整个面具，按 Ctrl+G 组合键将其群组，并拖曳到矩形上面。至此本例制作完成，最终效果如图 5-82 所示。

图 5-82　最终效果图

实例 42　通过 Postscript 填充制作晶格背景

（实例思路） --

　　▓（Postscript 填充）是使用 PostScript 语言创建的。有些底纹非常复杂，因此打印或屏幕更新可能需要较长时间。填充可能不显示，而显示字母 PS，这取决于使用的视图模式。在应用▓（Postscript 填充）时，可以更改诸如大小、线宽、底纹的前景和背景中出现的灰色量等属性。本例使用▢（矩形工具）绘制矩形，将轮廓转换成对象后，使用▓（Postscript 填充）填充纹理，具体操作流程如图 5-83 所示。

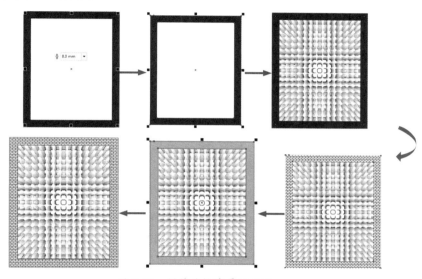

图 5-83　制作晶格背景流程图

（实例要点） --

▶ 新建文档
▶ 绘制矩形并设置轮廓宽度
▶ 将轮廓转换为对象

▶ 为对象进行 Postscript 填充
▶ 设置不透明度

（操作步骤） --

步骤01 执行菜单栏中的"文件 / 新建"命令或按 Ctrl+N 组合键，打开"创建新文档"对话框，在对话框中所有的参数都采用默认选项，设置完成后单击"确定"按钮，新建一个空白文档。

步骤02 使用▢（矩形工具）绘制一个白色矩形，设置"轮廓宽度"为 8.0mm，效果如图 5-84 所示。

步骤03 执行菜单栏中的"对象 / 将轮廓转换为对象"命令或按 Ctrl+Shift+Q 组合键，将轮廓转换成对象，如图 5-85 所示。

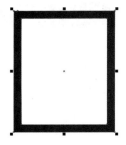

图 5-84　绘制矩形　　　　　　图 5-85　将轮廓转换成对象

步骤 04 选择中间的白色矩形，选择 ◇（交互式填充工具），在属性栏中单击 🖼（Postscript 填充）按钮，再单击 🖼（编辑填充）按钮，打开"编辑填充"对话框，参数设置如图 5-86 所示。

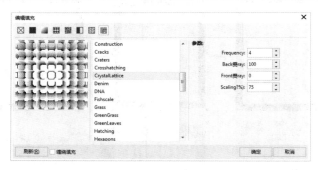

图 5-86　设置"编辑填充"对话框

步骤 05 设置完成后单击"确定"按钮，效果如图 5-87 所示。

步骤 06 使用 ▶（选择工具）选择外框，选择 ◇（交互式填充工具），在属性栏中单击 🖼（Postscript 填充）按钮，再单击 🖼（编辑填充）按钮，打开"编辑填充"对话框，参数设置如图 5-88 所示。

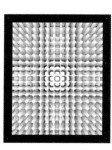
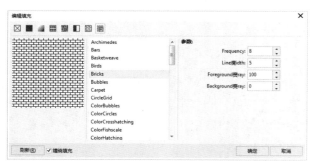

图 5-87　填充后效果　　　　图 5-88　设置"编辑填充"对话框

步骤 07 设置完成后单击"确定"按钮，效果如图 5-89 所示。

步骤 08 在"颜色表"中右击"绿"图标，设置"轮廓宽度"为 0.5mm，如图 5-90 所示。

步骤 09 复制一个副本，将其填充为橘色，效果如图 5-91 所示。

步骤 10 使用 ▦（透明度工具）设置透明度为 72，如图 5-92 所示。

步骤 11 至此本例制作完成，最终效果如图 5-93 所示。

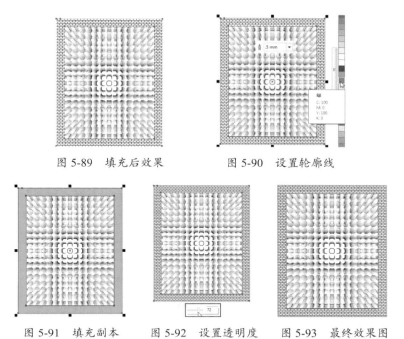

图 5-89 填充后效果   图 5-90 设置轮廓线

图 5-91 填充副本   图 5-92 设置透明度   图 5-93 最终效果图

实例 43 智能填充制作矢量填充图案

（实例思路）

在 CorelDRAW 2018 软件中，使用 ⬛（智能填充工具）可以快速为重叠交叉的区域或轮廓填充单一颜色，还可以保留之前对象的原始属性。本例使用 ⚙（复杂星形工具）绘制复杂星形，使用 ✏（手绘工具）绘制直线，再使用 ⬛（智能填充工具）进行区域填充，最后通过 ▦（向量图案填充）中 ▦（来自工作区的新源）来制作自定义图案填充，具体操作流程如图 5-94 所示。

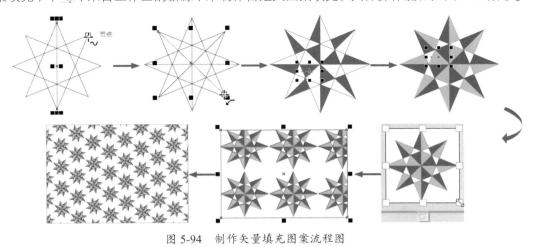

图 5-94 制作矢量填充图案流程图

实例要点 -

▶ 新建文档　　　　　　　　　　　　　▶ 使用"复杂星形工具"绘制星形

▶ 使用"手绘工具"绘制直线　　　　　　▶ 使用"智能填充工具"为图形进行局部填充

▶ 通过 ▦（向量图案填充）中 ▓（来自工作区的新源）来制作自定义图案填充

- -

操作步骤 -

步骤 **01** 执行菜单栏中的"文件 / 新建"命令或按 **Ctrl+N** 组合键，打开"创建新文档"对话框，在对话框中所有的参数都采用默认选项，设置完成后单击"确定"按钮，新建一个空白文档。

步骤 **02** 选择 ⚙（复杂星形工具），在属性栏中设置"点数或边数"为 8、"锐度"为 2，在页面中绘制复杂星形，效果如图 5-95 所示。

步骤 **03** 使用 ⤬（手绘工具）在复杂星形上绘制 4 条直线，如图 5-96 所示。

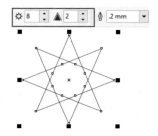

图 5-95　绘制复杂星形

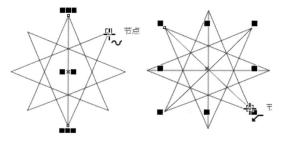

图 5-96　绘制直线

步骤 **04** 选择 ⬛（智能填充工具），在属性栏中设置"填充色"为"C:86、M:80、Y:0、K:0"，"轮廓"为"无"，如图 5-97 所示。

图 5-97　设置智能填充

其中的各项含义如下（之前讲解过的功能将不再讲解）。

● 填充选项：将选择的填充属性应用到新对象，包含"使用默认值""指定"和"无填充"3 个选项。

◆ 使用默认值：选择此选项后，会应用系统默认的设置为对象进行填充。

◆ 指定：选择此选项后，可以在后面的"填充色"拾色器中选择要为对象进行填充的颜色。

◆ 无填充：选择此选项后，将不会为对象进行颜色填充。

● 填充色：用来为对象设置填充颜色，该选项只有在"填充选项"列表中选择"指定"时才能使用。

● 轮廓：将选择的轮廓属性应用到新对象，包含"使用默认值""指定"和"无填充"3 个选项。

● 使用默认值：选择此选项后，会应用系统默认的设置为对象进行轮廓填充。

◆ 指定：选择此选项后，可以在后面的"轮廓宽度"下拉列表中选择轮廓的宽度，以及在"轮廓色"拾色器中选择要为对象进行轮廓填充的颜色。

◆ 无填充：选择此选项后，将不会为对象进行轮廓颜色填充。

● 轮廓色：用来为对象设置轮廓颜色，该选项只有在"轮廓选项"列表中选择"指定"时才能使用。

步骤05 设置完成后在复杂星形上单击，为其填充颜色，效果如图 5-98 所示。

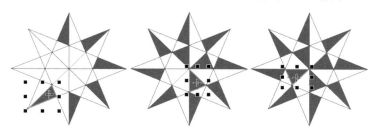

图 5-98　填充后的复杂图形

步骤06 选择 🔲（智能填充工具），在属性栏中设置"填充色"为"C:59、M:0、Y:13、K:0"，设置"轮廓"为"无"，在复杂星形上单击为其填充颜色，如图 5-99 所示。

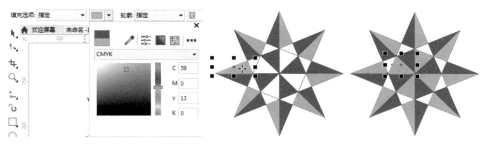

图 5-99　继续填充复杂星形

技巧：当文档中只有一个对象时，使用 🔲（智能填充工具）在任意位置单击，都可以为这个对象填充颜色；当文档中存在多个对象时，要填充哪个对象就必须使用 🔲（智能填充工具）在该对象上单击。

技巧：在对叠加一起的多个对象进行填充时，填充后的对象会以一个全新的对象对立存在，将填充后的对象拖曳到旁边，会发现原来的多个重叠对象只是隐藏在填充对象的下面，如图 5-100 所示。

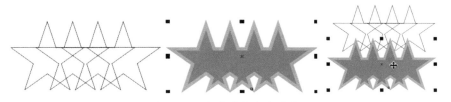

图 5-100　智能填充多个对象

步骤⑦ 使用□（矩形工具）绘制一个矩形，效果如图 5-101 所示。

步骤⑧ 在"对象属性"泊坞窗中选择◈（填充），再选择▦（向量图案填充）选项，单击▦（来自工作区的新源）按钮，在星形上创建选取框，如图 5-102 所示。

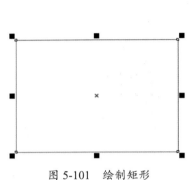

图 5-101　绘制矩形

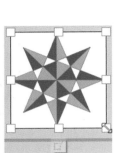

图 5-102　创建选取框

步骤⑨ 选取框创建完成后，单击☑（接受）按钮，选取的区域会自动填充到矩形内，效果如图 5-103 所示。

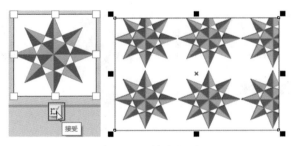

图 5-103　填充矩形

步骤⑩ 在"对象属性"泊坞窗中设置如图 5-104 所示的参数。

步骤⑪ 至此本例制作完成，最终效果如图 5-105 所示。

图 5-104　设置参数

图 5-105　最终效果图

实例 44　网状填充制作卡通牛

实例思路

　　CorelDRAW 2018 中的 （网状填充工具）主要是为造型做立体感的填充。（网状填充工具）可以轻松地制作出复杂多变的网状填充效果，使用它可以生成一种比较细腻的渐变效果，实现不同颜色之间的自然融合，更好地对图形进行变形和多样填色处理。本例使用〇（椭圆工具）绘制椭圆并将其转换成曲线，使用 ⬚（形状工具）调整椭圆形状并为其填充颜色，使用（网状填充工具）填充颜色，再结合绘制和编辑图形，并为其填充颜色，具体操作流程如图 5-106 所示。

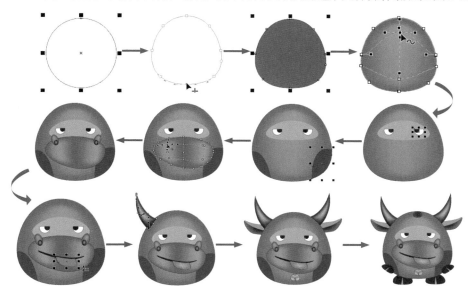

图 5-106　制作卡通牛流程图

实例要点

▸▸ 新建文档

▸▸ 将图形转换成曲线

▸▸ 使用"网状填充工具"填充立体效果

▸▸ 使用"贝塞尔工具""钢笔工具"绘制曲线和图形

▸▸ 使用"智能填充工具"为图形进行局部填充

▸▸ 将轮廓转换成对象

▸▸ 使用"椭圆工具"绘制椭圆

▸▸ 使用"形状工具"编辑图形

▸▸ 设置轮廓和圆头端点

操作步骤

步骤 01 执行菜单栏中的"文件/新建"命令或按 Ctrl+N 组合键，打开"创建新文档"对话框，在对话框中所有的参数都采用默认选项，设置完成后单击"确定"按钮，新建一个空白文档。

步骤 02 使用 ◯（椭圆工具）在页面中绘制一个椭圆，按 Ctrl+Q 组合键将椭圆转换成曲线，使用 ↖（形状工具）调整椭圆形状，效果如图 5-107 所示。

步骤 03 将调整后的椭圆填充 "C:53、M:76、Y:100、K:22" 颜色，效果如图 5-108 所示。

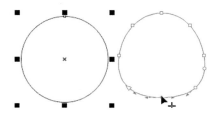 

图 5-107　绘制椭圆并调整形状　　　　图 5-108　填充椭圆

步骤 04 使用 ☷（网状填充工具）在椭圆上单击为其添加两个控制点，在属性栏中设置 "填充色" 为 "C:36、M:55、Y:84、K:0"，效果如图 5-109 所示。

图 5-109　填充椭圆效果

其中的各项含义如下（之前讲解过的功能将不再讲解）。

● ☷（网格大小）：用来选择网状填充的行数与列数。

● 选取模式：在矩形与手绘之间转换。

● ✐（对网状填充颜色进行取样）：在桌面中吸取任意颜色作为填充颜色。

● ▨0＋（透明度）：用来设置网状填充节点的透明效果。

> **技巧**：在绘制的图形内部，使用 ☷（网状填充工具）双击即可在点击位置处添加一个节点，在节点上双击可以将当前节点删除；使用 ☷（网状填充工具）在图形中添加的节点可以随意拖曳，填充颜色也可以根据拖曳的位置进行混合，当鼠标指针移动到节点之间的曲线上时拖动鼠标，曲线也可以随意调整。

步骤 05 使用 ◯（椭圆工具）绘制一个椭圆，将其填充 "C:30、M:45、Y:66、K:0" 颜色，去掉椭圆的轮廓，按 Ctrl+Q 组合键将椭圆转换成曲线，使用 ↖（形状工具）调整椭圆形状，效果如图 5-110 所示。

步骤 06 使用 ◯（椭圆工具）在页面中绘制白色和黑色两个正圆，再使用 ▢（矩形工具）绘制一个矩形，如图 5-111 所示。

步骤 07 使用 ↖（选择工具）框选矩形和正圆，在属性栏中单击 ▣（简化）按钮，效果如图 5-112 所示。

步骤⑧ 删除矩形，再将剩余的部分移动到网状填充图形上，复制一个副本将其向右移动，单击属性栏中的 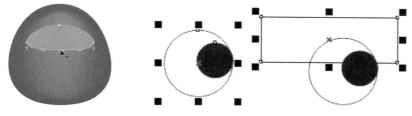（水平镜像）按钮，效果如图 5-113 所示。

图 5-110 绘制并编辑椭圆　　　　图 5-111 绘制圆形和矩形

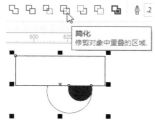

图 5-112 简化后效果　　　　图 5-113 移动并镜像眼睛

步骤⑨ 使用 ✎（贝塞尔工具）绘制一条曲线，使用 🖫（智能填充工具）为图形填充"C:63、M:81、Y:100、K:51"颜色，效果如图 5-114 所示。

步骤⑩ 使用同样的方法制作另一面的图形，效果如图 5-115 所示。

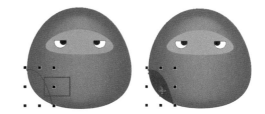

图 5-114 智能填充曲线

步骤⑪ 使用 ○（椭圆工具）绘制一个椭圆，将其填充"C:53、M:76、Y:100、K:22"颜色，按 Ctrl+Q 组合键将椭圆转换成曲线，使用 🖎（形状工具）调整椭圆形状，效果如图 5-116 所示。

步骤⑫ 使用 🔀（网状填充工具）在椭圆上单击为其添加 4 个控制点，在属性栏中设置"填充色"为"C:36、M:55、Y:84、K:0"，效果如图 5-117 所示。

图 5-115 绘制并智能填充另一侧图形　　图 5-116 绘制并调整椭圆　　图 5-117 网状填充椭圆

步骤⑬ 使用 ○（椭圆工具）绘制一个椭圆，为其填充"C:53、M:76、Y:100、K:22"颜色，使用 🔀（网状填充工具）在椭圆形上单击为其添加一个控制点，在属性栏中设置"填充色"为"C:36、M:55、Y:84、K:0"，效果如图 5-118 所示。

步骤⑭ 使用 ○（椭圆工具）绘制一个椭圆，将其填充为黑色，使用 🔀（网状填充工具）在椭圆上单击为其添加一个控制点，在属性栏中设置"填充色"为"C:36、M:55、Y:84、K:0"，效果如图 5-119 所示。

图 5-118　绘制并网状填充椭圆　　　　　图 5-119　绘制并网状填充黑色椭圆

步骤15 使用同样的方法制作另一个鼻孔，效果如图 5-120 所示。

> **技巧：** 复制一个副本将其向右移动，单击属性栏中的 （水平镜像）按钮，同样可以得到另一侧的鼻孔。

步骤16 使用 （贝塞尔工具）绘制一条曲线，效果如图 5-121 所示。

图 5-120　绘制右侧鼻孔　　　　　图 5-121　绘制曲线

步骤17 在"对象属性"泊坞窗中设置"轮廓宽度"为 1.5mm，选择"圆形端头"，如图 5-122 所示。

步骤18 执行菜单栏中的"对象/将轮廓转换为对象"命令或按 Ctrl+Shift+Q 组合键，将曲线转换成对象，使用 （形状工具）编辑对象，效果如图 5-123 所示。

图 5-122　编辑曲线　　　　　图 5-123　编辑图形

步骤19 使用 （钢笔工具）绘制封闭图形，将其填充为红色，效果如图 5-124 所示。

步骤20 使用 （网状填充工具）在图形上单击为其添加一个控制点，在属性栏中设置"填充色"为"C:36、M:55、Y:84、K:0"，再使用 （贝塞尔工具）绘制一条橘色曲线，效果如图 5-125 所示。

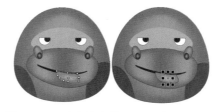

图 5-124　绘制并填充图形　　　　图 5-125　网状填充封闭图形并绘制曲线

步骤21 使用▨（钢笔工具）绘制封闭图形，将其填充为黑色，使用▨（网状填充工具）在图形上单击为其添加一个控制点，在属性栏中设置"填充色"为"C:36、M:55、Y:84、K:0"，效果如图 5-126 所示。

步骤22 按 Ctrl+End 组合键将其调整到最后层，再制作另一个牛角，效果如图 5-127 所示。

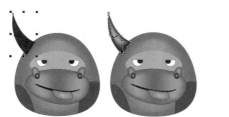

图 5-126　绘制左侧牛角　　　　　图 5-127　绘制右侧牛角

步骤23 使用▨（钢笔工具）绘制封闭图形，将其填充"C:63、M:81、Y:100、K:51"颜色，使用▨（贝塞尔工具）绘制一条曲线，效果如图 5-128 所示。

步骤24 使用▨（智能填充工具）为图形填充 "C:36、M:55、Y:84、K:0" 颜色，效果如图 5-129 所示。

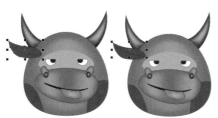

图 5-128　绘制图形并填充颜色　　　图 5-129　智能填充颜色

步骤25 选择钢笔工具绘制的图形，使用▨（网状填充工具）在图形上单击为其添加一个控制点，在属性栏中设置"填充色"为黑色，选择耳朵，复制一个副本将其移动到右侧，单击属性栏中的▨（水平镜像）按钮，效果如图 5-130 所示。

步骤26 选择两只耳朵，按 Ctrl+End 组合键将其调整到最底层，效果如图 5-131 所示。

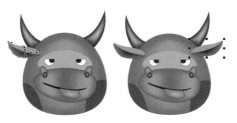

图 5-130　网状填充并镜像图形　　　图 5-131　调整图形顺序

步骤27 使用 ⭕（椭圆工具）结合 ⬚（形状工具）制作铃铛，过程如图 5-132 所示。

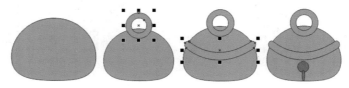

图 5-132　绘制铃铛

步骤28 将铃铛移动到牛身上，效果如图 5-133 所示。

步骤29 使用 ⭕（椭圆工具）、⬚（矩形工具）结合 ⬚（形状工具）制作牛脚，过程如图 5-134 所示。

步骤30 将牛脚移动到牛身上。至此本例制作完成，最终效果如图 5-135 所示。

图 5-133　移动铃铛到牛身上　　　图 5-134　绘制牛脚　　　图 5-135　最终效果图

实例 45　设置轮廓制作图形描边

（实例思路）---

在 CorelDRAW 2018 软件中，为图形添加适当的轮廓，可以使图形显得更加分明，在绘图过程中，通过修改对象的轮廓属性，可以起到修饰对象的作用。默认状态下，绘制图形的轮廓线为黑色、宽度为 0.2mm，线条样式为直线型。本例通过为图形创建边界后并设置"轮廓宽度"，再将其转换成对象并添加合适的颜色和轮廓样式，然后通过 ◈（交互式填充工具）和"艺术笔"泊坞窗制作背景部分，具体操作流程如图 5-136 所示。

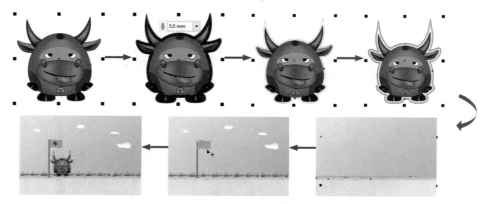

图 5-136　制作图形描边流程图

▶ 新建文档　　　　　　　　　　　　　　▶ 使用"交互式填充工具"填充渐变色

▶ 将轮廓转换成对象　　　　　　　　　　▶ 使用"艺术笔"泊坞窗插入艺术笔

▶ 设置轮廓样式

(操作步骤) ---

步骤01 执行菜单栏中的"文件/新建"命令或按 Ctrl+N 组合键，打开"创建新文档"对话框，在对话框中所有的参数都采用默认选项，设置完成后单击"确定"按钮，新建一个空白文档。

步骤02 选择实例 44 绘制的卡通小牛，将其复制到新建文档中，效果如图 5-137 所示。

步骤03 框选整个图形，执行菜单栏中的"对象/造型/边界"命令，为图形创建一个边界线，效果如图 5-138 所示。

步骤04 设置"轮廓宽度"为 5.0mm，效果如图 5-139 所示。

图 5-137　移入素材　　　　　图 5-138　创建边界线　　　　图 5-139　设置轮廓线

步骤05 执行菜单栏中的"对象/将轮廓转换为对象"命令或按 Ctrl+Shift+Q 组合键，将边界轮廓转换成对象，按 Ctrl+End 组合键将其放置到最底层，再设置"填充色"为白色、"轮廓色"为橘色，效果如图 5-140 所示。

步骤06 在属性栏中设置"轮廓宽度"为 0.5mm、"轮廓样式"为虚线，效果如图 5-141 所示。

步骤07 再次选择卡通牛，执行菜单栏中的"对象/造型/边界"命令，为图形创建一个边界线，设置"轮廓宽度"为 10.0mm，执行菜单栏中的"对象/将轮廓转换为对象"命令或按 Ctrl+Shift+Q 组合键，将边界轮廓转换成对象，按 Ctrl+End 组合键将其放置到最底层，再设置"填充色"为粉色、"轮廓色"为黑色、"轮廓宽度"为 0.5mm，效果如图 5-142 所示。

图 5-140　填充后效果　　　　图 5-141　设置轮廓样式　　　　图 5-142　设置轮廓线

步骤08 下面制作背景部分。使用 ▢（矩形工具）绘制一个矩形，使用 ◈（交互式填充工具）在矩形上拖动，为其填充渐变色，效果如图 5-143 所示。

步骤09 复制矩形将其缩小，使用 ◈（交互式填充工具）调整渐变色，效果如图 5-144 所示。

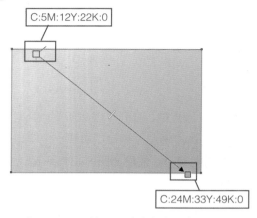

C:5M:12Y:22K:0

C:24M:33Y:49K:0

图 5-143　绘制矩形并填充渐变色

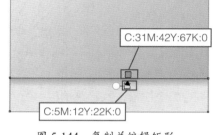

C:31M:42Y:67K:0

C:5M:12Y:22K:0

图 5-144　复制并编辑矩形

步骤10 为矩形去掉轮廓，执行菜单栏中的"效果/艺术笔"命令，打开"艺术笔"泊坞窗，选择一个笔触并在页面中绘制，效果如图 5-145 所示。

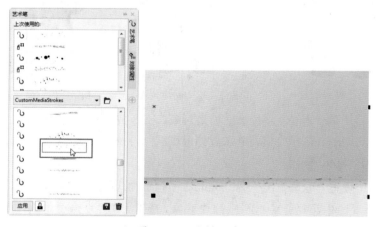

图 5-145　绘制画笔

步骤11 使用同样的方法，在"艺术笔"泊坞窗中选择一个画笔，在页面中绘制画笔，效果如图 5-146 所示。

图 5-146　绘制小草画笔

步骤12 按 Ctrl+K 组合键拆分艺术笔，删除绘制的路径，将剩余的画笔缩小并填充黑色，效果如图 5-147 所示。

图 5-147 拆分画笔后的效果

步骤⑬ 将画笔移动到矩形上并复制多个副本，效果如图 5-148 所示。

步骤⑭ 使用同样的方法，选择一个云彩画笔，将其添加到矩形上，效果如图 5-149 所示。

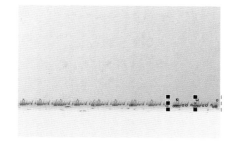

图 5-148 移动并复制多个画笔

图 5-149 绘制云彩画笔

步骤⑮ 使用□（矩形工具）绘制一个矩形，使用◇（交互式填充工具）填充渐变色，去掉轮廓，效果如图 5-150 所示。

步骤⑯ 使用□（矩形工具）绘制一个矩形，按 Ctrl+Q 组合键，将矩形转换成曲线，使用（形状工具）调整矩形形状，效果如图 5-151 所示。

步骤⑰ 使用字（文本工具）在旗子上输入文字"牛"，效果如图 5-152 所示。

步骤⑱ 选择制作轮廓的卡通牛，按 Ctrl+Home 组合键，将其放置到最前面。至此本例制作完成，最终效果如图 5-153 所示。

图 5-150 绘制矩形并填充渐变色

图 5-151 绘制矩形并调整形状

图 5-152　输入文字　　　　　　　图 5-153　最终效果图

技巧：　"轮廓笔"对话框可以对绘制的轮廓
线设置颜色、宽度、样式以及箭头等
属性。在状态栏中双击 🖋■（轮廓笔）
工具或按 F12 键，系统便可以打开"轮
廓笔"对话框，如图 5-154 所示。

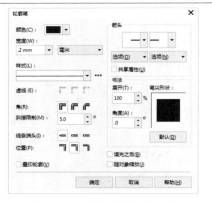

图 5-154　"轮廓笔"对话框

其中的各项含义如下（之前讲解过的功能将不再讲解）。

● 颜色：单击"颜色"按钮，在展开的颜色选取器中选择合适的轮廓颜色。
● 宽度：用户可以根据需求设定轮廓线的宽度，后面是轮廓线的单位。
● 样式：在其下拉列表中选择系统预设的轮廓线样式。
● 编辑样式：可以自定义轮廓线的样式，单击"编辑样式"按钮 ⋯，可以打开"编辑
线条样式"对话框，在对话框中可以自定义设置轮廓线的样式，如图 5-155 所示。

图 5-155　"编辑线条样式"对话框

● 角：用于设置轮廓线夹角的样式属性，包括斜接角、圆角和平角。
　◆ 斜接角：轮廓线的夹角以尖角显示。
　◆ 圆角：轮廓线的夹角以圆角显示。

◆ 平角：轮廓线的夹角以平角显示。

● 斜接限制：就是指节点连接处所允许的笔画粗细和连接角度。当数值较小时会在节点
处出现尖突，数值较大时尖突会变小。

● 线条端头：用于设置线段或未封闭曲线端头的样式。

● 方形端角：节点在线段边缘。

● 圆形端头：以圆头显示端点，使端点更平滑。

● 延伸方形端头：添加可延伸长度的方形端头。

● 箭头：用于在线段或未封闭曲线的起点或终点添加箭头样式。

● 选项：用于对箭头样式进行快速设置和编辑操作，左右两个"选项"
按钮用来控制起始端与终点的箭头，单击会弹出下拉列表，如
图 5-156 所示。

图 5-156　选项列表

◆ 无：去掉两端的箭头。

◆ 对换：将起始端与终点的箭头进行互换。

◆ 属性：在"箭头属性"对话框中设置与编辑箭头。

◆ 新建：同样在"箭头属性"对话框中设置与编辑箭头。

◆ 编辑：在"箭头属性"对话框中对箭头进行调试。

◆ 删除：可以删除上一次编辑的箭头。

● 共享属性：选中该复选框，会同时应用"箭头属性"中设置的属性。

● 书法：设置书法效果，可以将单一粗细的线条修饰为书法线条，如图 5-157 所示。

图 5-157　书法线条

● 展开：通过输入数值改变线条的笔尖大小。

● 角度：通过输入数值改变线条的笔尖旋转角度。

● 笔尖形状：预览线条笔尖的形状。

● 默认：将"展开"与"角度"都复位到初始状态，"展开"为 100%，"角度"为 0 度。

● 填充之后：选中该复选框，轮廓线会在填充颜色的下面，填充颜色会覆盖一部分轮廓线。

● 随对象缩放：选中该复选框，在对图形进行比例缩放时，其轮廓线的宽度会按比例进
行相应的缩放。

● 叠印轮廓：让轮廓打印在底层颜色上方。

本章练习与习题

练习

1. 绘制图形并设置填充颜色和轮廓颜色以及轮廓宽度。

2. 为图形填充渐变效果。

习题

1. 可以在多个封闭轮廓中任意填充颜色的工具是（　　　）。

　　A. 智能填充工具　　　　B. 位图图样填充　　　　C. 双色图样填充　　　　D. 线性渐变填充

2. ✏（颜色滴管工具）取样时可以应用在（　　　）范围内。

　　A. 1×1　　　　　　　　B. 2×2　　　　　　　　C. 3×3　　　　　　　　D. 5×5

第6章

对象之间的修整

本章主要对图形对象之间的修整进行详细的讲解，并结合前面讲解的知识，使读者掌握对象的对齐、分布、排列、群组、透镜、图框精确剪裁，以及结合对象、拆分对象、相交、修剪、简化等操作技法。

本章内容

▶ 焊接与简化制作平面扳手
▶ 通过"合并"命令制作飞镖盘
▶ 通过"相交"命令制作飞镖

▶ 设置对齐制作太极球
▶ 通过相交制作相连的五环
▶ 透镜制作凸显局部效果
▶ PowerClip 命令结合旋转变换制作折扇

实例 46　焊接与简化制作平面扳手

实例思路

　　合并（焊接）对象是将两个或两个以上的对象焊接在一起，形成一个新对象。合并后的对象是一个独立的对象，其填充、轮廓属性和指定的目标对象相同；简化功能可以减去后面对象和前面对象重叠的部分，并保留前面对象和后面对象的状态。对于复杂的绘图作品，使用该功能可以有效减小文件，而不影响作品的外观。本例使用○（椭圆工具）和□（矩形工具）绘制图形，再通过"焊接"和"简化"命令修整图形的造型，具体操作流程如图 6-1 所示。

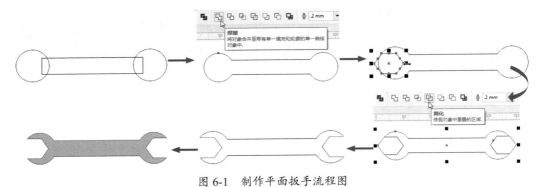

图 6-1　制作平面扳手流程图

实例要点

▶ 新建文档

▶ 使用"椭圆工具"绘制正圆

▶ 使用"矩形工具"绘制矩形

▶ 应用"对齐与分布"泊坞窗

▶ 应用"焊接"和"简化"命令

操作步骤

步骤 01　执行菜单栏中的"文件 / 新建"命令或按 Ctrl+N 组合键，打开"创建新文档"对话框，在对话框中所有的参数都采用默认选项，设置完成后单击"确定"按钮，新建一个空白文档。

步骤 02　使用○（椭圆工具）和□（矩形工具）绘制两个正圆和一个矩形，如图 6-2 所示。

图 6-2　绘制正圆和矩形

步骤 03　使用▶（选择工具）框选矩形和正圆，执行菜单栏中的"窗口 / 泊坞窗 / 对齐与分布"命令，打开"对齐与分布"泊坞窗，单击⬚（垂直居中对齐）按钮，效果如图 6-3 所示。

步骤 04 在属性栏中单击 🖼（焊接）按钮，将矩形和正圆合并为一个对象，如图 6-4 所示。

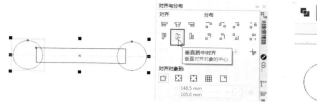
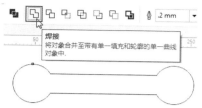

图 6-3　垂直居中对齐三个对象　　　　　　图 6-4　焊接图形

技巧：将两个对象进行合并后，如果两个对象颜色不同，焊接后会将两个对象的颜色统一成后面对象的颜色。

技巧：执行菜单栏中的"窗口 / 泊坞窗 / 造型"命令，同样可以打开"造型"泊坞窗。在菜单栏中的"对象 / 造型 / 合并"命令与"造型"泊坞窗中的"焊接"以及属性栏中的"焊接"按钮所实现的功能是一样的。

步骤 05 使用 ◯（多边形工具）在页面中绘制一个六边形，并将其稍微拉宽一点，如图 6-5 所示。

步骤 06 复制一个副本将其移动到右侧，如图 6-6 所示。

图 6-5　绘制并调整六边形　　　　　　图 6-6　复制副本并移到右侧

步骤 07 框选所有对象，在"对齐与分布"泊坞窗中单击 🖼（垂直居中对齐）按钮，效果如图 6-7 所示。

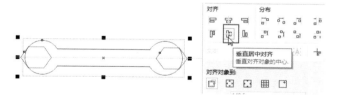

图 6-7　垂直居中对齐图形

步骤 08 在属性栏中单击 🖼（简化）按钮，将选取的对象进行简化造型处理，如图 6-8 所示。

步骤 09 选择六边形后将其删除，效果如图 6-9 所示。

步骤 10 选择简化后的对象将其填充为灰色。至此本例制作完成，最终效果如图 6-10 所示。

图 6-8　简化后的效果

图 6-9　删除六边形　　　　　　图 6-10　最终效果图

技巧：通过 （位图图样填充）可以为扳手填充一个铁材质图案，如图 6-11 所示。

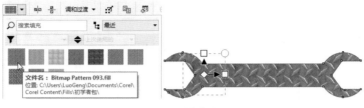

图 6-11　位图图样填充后的效果

实例 47　通过"合并"命令制作飞镖盘

（实例思路）

"合并"命令是把不同的对象结合在一起，使其成为一个新的对象，结合的对象可以是分离开的，也可以是相互重叠的，相互重叠的对象进行结合后，重叠的部分会出现空白，只保留轮廓。本例使用 ◯（椭圆工具）绘制正圆，使用 ◯（多边形工具）绘制三角形，通过"旋转"变换泊坞窗进行旋转复制，在应用"合并"命令后，使用 ⧉（虚拟段删除工具）删除多余区域，具体操作流程如图 6-12 所示。

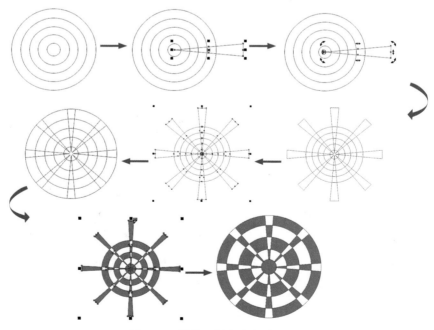

图 6-12　制作飞镖盘流程图

实例要点

▶ 新建文档

▶ 使用"椭圆工具"绘制正圆

▶ 复制正圆并缩小

▶ 使用"多边形工具"绘制三角形

▶ "旋转"变换泊坞窗旋转复制

▶ 应用"合并"命令

▶ 使用"虚拟段删除工具"删除多余区域

操作步骤

步骤① 执行菜单栏中的"文件 / 新建"命令或按 Ctrl+N 组合键，打开"创建新文档"对话框，在对话框中所有的参数都采用默认选项，设置完成后单击"确定"按钮，新建一个空白文档。

步骤② 使用○（椭圆工具）并按住 Ctrl 键绘制一个正圆，按住 Shift 键拖动控制点缩小正圆的同时单击鼠标右键，复制一个缩小后的副本，效果如图 6-13 所示。

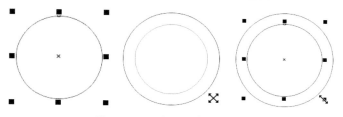

图 6-13　绘制正圆并缩小复制

技巧：还可以通过在"缩小与镜像"变换泊坞窗中设置百分比来进行缩小复制图形。

步骤③ 使用同样的方法再复制 3 个小正圆，效果如图 6-14 所示。

步骤④ 使用○（多边形工具）在正圆上绘制一个三角形，将其移动到合适位置并调整旋转中心点到正圆的中心点处，如图 6-15 所示。

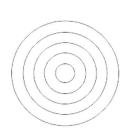

图 6-14　复制 3 个正圆

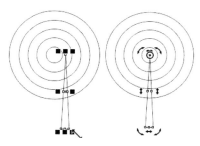

图 6-15　绘制并调整三角形

步骤⑤ 执行菜单栏中的"对象 / 变换 / 旋转"命令，打开"旋转"变换泊坞窗，设置参数值后单击"应用"按钮，如图 6-16 所示。

步骤⑥ 单击"应用"按钮数次，直到旋转一周为止，效果如图 6-17 所示。

步骤⑦ 使用（选择工具）框选所有对象，执行菜单栏中的"对象 / 合并"命令，效果如图 6-18 所示。

步骤 08 在"颜色表"中单击"红"色块，为其填充红色，效果如图 6-19 所示。

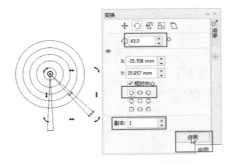

图 6-16 "旋转"变换泊坞窗

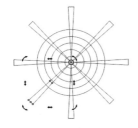

图 6-17 旋转变换后的效果

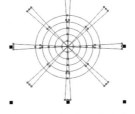

图 6-18 合并后的效果

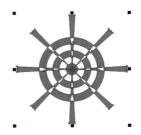

图 6-19 填充图形

步骤 09 使用 (虚拟段删除工具)在正圆外侧区域的线条上单击，删除多余图形，效果如图 6-20 所示。

步骤 10 使用 （椭圆工具）在中心位置绘制一个红色的正圆。至此本例制作完成，最终效果如图 6-21 所示。

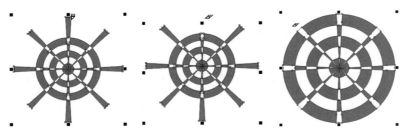

图 6-20 删除多余图形

图 6-21 最终效果图

实例 48 通过"相交"命令制作飞镖

实例思路

"相交"功能可以创建一个以对象重叠区域为内容的新对象。新对象的尺寸和形状与重叠区域完全相同，其颜色和轮廓属性取决于目标对象。本例使用 （椭圆工具）绘制椭圆并将其转换成曲线，使用 （形状工具）调整形状，使用 （手绘工具）绘制线条，再通过"相交"命令为椭圆创建相交区域，具体操作流程如图 6-22 所示。

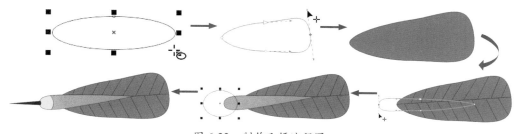

图 6-22 制作飞镖流程图

（实例要点）

▶ 新建文档

▶ 使用"椭圆工具"绘制椭圆

▶ 将图形转换成曲线

▶ 使用"形状工具"调整形状

▶ 使用"手绘工具"绘制直线

▶ 使用"多边形工具"绘制三角形

（操作步骤）

步骤01 执行菜单栏中的"文件 / 新建"命令或按 Ctrl+N 组合键，打开"创建新文档"对话框，在对话框中所有的参数都采用默认选项，设置完成后单击"确定"按钮，新建一个空白文档。

步骤02 使用 ◯（椭圆工具）绘制一个椭圆，按 Ctrl+Q 组合键将椭圆转换成曲线，使用 ⬚（形状工具）对曲线进行调整，效果如图 6-23 所示。

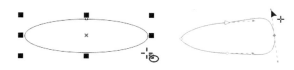

图 6-23 绘制椭圆并进行调整

步骤03 将调整后的图形填充为绿色，如图 6-24 所示。

步骤04 使用 ⬚（手绘工具）在图形上绘制线条，如图 6-25 所示。

图 6-24 填充绿色 　　　 图 6-25 绘制线条

步骤05 使用 ◯（椭圆工具）绘制一个椭圆，按 Ctrl+Q 组合键将其转换成曲线，使用 ⬚（形状工具）对曲线进行调整，效果如图 6-26 所示。

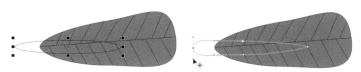

图 6-26 绘制椭圆并进行调整

步骤06 将图形填充为橘色，单击后将其进行斜切处理，效果如图 6-27 所示。

步骤07 使用 ◯（椭圆工具）绘制一个椭圆，如图 6-28 所示。

图 6-27　填充图形　　　　　　　　　　　　图 6-28　绘制椭圆

步骤08 使用 ▶（选择工具）将椭圆和后面的图形一同选取，单击属性栏中的 ⬚（相交）按钮，效果如图 6-29 所示。

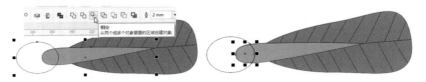

图 6-29　相交图形

步骤09 将相交区域填充为黄色，删除椭圆，效果如图 6-30 所示。

步骤10 使用 ◯（多边形工具）绘制一个三角形，单击后将其进行旋转并移动位置，效果如图 6-31 所示。

图 6-30　填充相交区域

图 6-31　绘制并编辑三角形

步骤11 按 Ctrl+Q 组合键将三角形转换成曲线，使用 ⬚（形状工具）调整曲线形状，效果如图 6-32 所示。

步骤12 将调整后的图形填充为黑色。至此本例制作完成，最终效果如图 6-33 所示。

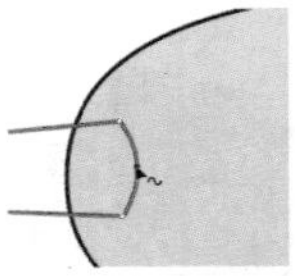

图 6-32　调整三角形形状　　　　　　　图 6-33　最终效果图

实例 49　设置对齐制作太极球

（实例思路）------------------------------------

　　当页面上包含多个不同对象时，屏幕可能会显得杂乱不堪，此时需要对它们进行排列，为此 CorelDRAW 2018 提供了一系列的对齐与分布命令，用户可以自由地选择对象的排列方式以及将其对齐到指定的位置。本例使用○（椭圆工具）绘制正圆，通过"对齐与分布"泊坞窗进行对齐操作，具体的操作流程如图 6-34 所示。

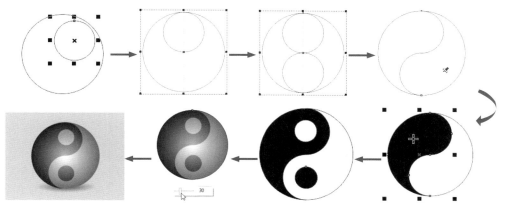

图 6-34　制作太极球流程图

（实例要点） -

▶ 新建文档　　　　　　　　　　　　　　▶ 智能填充颜色

▶ 使用"椭圆工具"绘制正圆　　　　　　▶ 绘制正圆并填充渐变色

▶ 将两个正圆进行对齐　　　　　　　　　▶ 设置不透明度

▶ 删除虚拟线段　　　　　　　　　　　　▶ 改变图形顺序

（操作步骤） -

步骤01 执行菜单栏中的"文件 / 新建"命令或按 **Ctrl+N** 组合键，打开"创建新文档"对话框，在对话框中所有的参数都采用默认选项，设置完成后单击"确定"按钮，新建一个空白文档。

步骤02 使用○（椭圆工具）在文档中绘制两个正圆，直径分别是 120mm 和 60mm，如图 6-35 所示。

步骤03 框选两个正圆，执行菜单栏中的"对象 / 对齐与分布 / 对齐与分布"命令，打开"对齐与分布"泊坞窗，在泊坞窗中单击"水平居中对齐"和"顶端对齐"按钮，如图 6-36 所示。

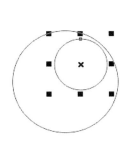

图 6-35　绘制两个正圆

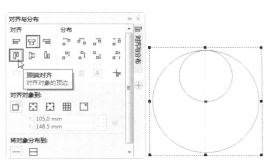

图 6-36　对齐图形

> **技巧：** 在 CorelDRAW 2018 中，对齐可以应用在两个或两个以上的对象，分布可以应用到三个或三个以上的对象。

步骤 **04** 再绘制一个直径为 60mm 的正圆，将其与后面的大圆一同选取，在"对齐与分布"泊坞窗中单击"水平居中对齐"和"底端对齐"按钮，如图 6-37 所示。

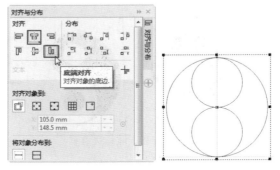

图 6-37　绘制并编辑圆形

步骤 **05** 使用 (虚拟段删除工具) 删除小圆的一半轮廓，效果如图 6-38 所示。

步骤 **06** 使用 (智能填充工具) 在属性栏中将"填充"和"轮廓"都设置为黑色，在左半部分单击，如图 6-39 所示。

步骤 **07** 使用 (椭圆工具) 绘制两个直径为 20mm 的正圆，分别填充白色和黑色，如图 6-40 所示。

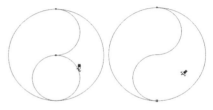

图 6-38　删除虚拟线段

步骤 **08** 复制一个大圆，选择 (交互式填充工具)，在属性栏中单击 (渐变填充) 按钮，再单击 (椭圆形渐变填充) 按钮设置渐变颜色，如图 6-41 所示。

图 6-39　智能填充图形

图 6-40　绘制并填充两个正圆

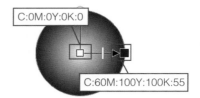

图 6-41　设置渐变色

步骤 **09** 使用 (透明度工具) 设置透明度为 30，效果如图 6-42 所示。

步骤 **10** 框选所有对象，去掉轮廓，使用 (椭圆工具) 绘制一个黑色椭圆，效果如图 6-43 所示。

步骤 **11** 选择 (透明度工具)，在属性栏中单击 (渐变透明度) 按钮，再单击 (椭圆形渐变透明度) 按钮设置渐变透明度，效果如图 6-44 所示。

步骤 **12** 执行菜单栏中的"对象 / 顺序 / 到页面后面"命令或按 Ctrl+End 组合键，将椭圆放置到后面，效果如图 6-45 所示。

步骤 **13** 使用 (矩形工具) 绘制一个灰色矩形，执行菜单栏中的"对象 / 顺序 / 到页面后面"命令或按 Ctrl+End 组合键，最终效果如图 6-46 所示。

图 6-42　设置透明度　　　　图 6-43　绘制椭圆　　　　图 6-44　设置渐变透明度

图 6-45　调整图形顺序　　　　图 6-46　最终效果图

实例 50　通过相交制作相连的五环

（实例思路）

　　"相交"命令可以快速地将相交区域变为一个新的对象。本例使用 ◯（椭圆工具）绘制正圆轮廓并将其转换成对象，再使用"相交"命令制作相交区域，具体操作流程如图 6-47 所示。

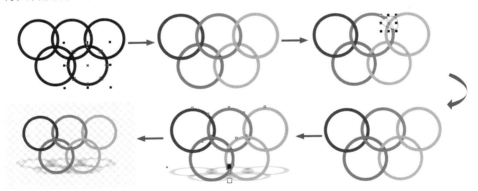

图 6-47　制作相连的五环流程图

（实例要点）

▶▶ 新建文档

▶▶ 使用"椭圆工具"绘制正圆轮廓

▶▶ 将轮廓转换为对象

▶▶ 为图形填充不同颜色

▶▶ 通过"相交"命令制作相交叉的圆环

▶▶ 添加阴影

▶▶ 填充双色图样

操作步骤 --

步骤 01 执行菜单栏中的"文件 / 新建"命令或按 Ctrl+N 组合键，打开"创建新文档"对话框，在对话框中所有的参数都采用默认选项，设置完成后单击"确定"按钮，新建一个空白文档。

步骤 02 使用 ◎ (椭圆工具) 按住 Ctrl 键绘制一个正圆，设置"轮廓宽度"为 5.0mm，如图 6-48 所示。

图 6-48　绘制正圆

步骤 03 执行菜单栏中的"对象 / 将轮廓转为对象"命令或按 Ctrl+Shift+Q 组合键，将轮廓转为填充对象，如图 6-49 所示。

步骤 04 按 Ctrl+D 组合键 4 次复制 4 个副本，将副本移动到合适的位置，如图 6-50 所示。

步骤 05 分别选择不同的圆环，将其填充不同的颜色，如图 6-51 所示。

图 6-49　将轮廓转为对象

图 6-50　复制并移动副本

图 6-51　分别填充不同颜色

步骤 06 使用 ┶ (手绘工具) 绘制封闭曲线，将曲线和后面的蓝色圆环一同选取，如图 6-52 所示。

步骤 07 执行菜单栏中的"对象/造型/相交"命令，此时会得到一个新的相交区域，如图 6-53 所示。

图 6-52　绘制曲线并一同选取

图 6-53　相交图形效果

提示：为了方便查看相交后的效果，这里我们将相交的区域填充为与圆环不同的颜色，以此来进行区分。

步骤 08 选择相交区域，执行菜单栏中的"对象 / 顺序 / 到页面前面"命令或按 Ctrl+Home 组合键，调整顺序后再将颜色填充为与圆环相同的颜色，如图 6-54 所示。

图 6-54　调整图形顺序

步骤 09 使用相同的方法将其余的圆环进行相交并调整圆环顺序，如图 6-55 所示。

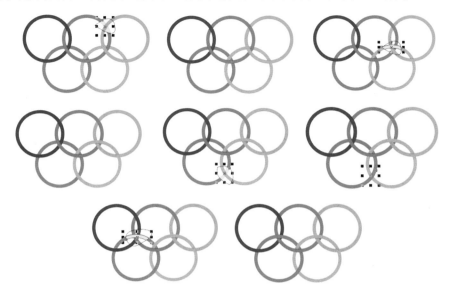

图 6-55 相交后调整顺序

步骤 10 使用 ▶（选择工具）框选所有对象，按 Ctrl+G 组合键，再使用 □（阴影工具）在五环下面向上拖动为其添加阴影，如图 6-56 所示。

步骤 11 使用 □（矩形工具）绘制一个矩形，使用 ◇（交互式填充工具）为矩形填充 ▣（双色图样填充），设置"前景颜色"为灰色，缩小填充对象，效果如图 6-57 所示。

图 6-56 添加五环阴影

步骤 12 按 Ctrl+End 组合键将矩形调整到最后面。至此本例制作完成，最终效果如图 6-58 所示。

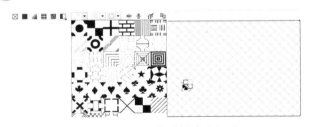

图 6-57 双色图样填充矩形

图 6-58 最终效果图

实例 51 透镜制作凸显局部效果

（实例思路）

"透镜"效果运用了相机镜头的某些原理，使对象在镜头的影响下产生各种不同类型的效果，透镜只能改变对象本身的观察方式，并不能改变对象的属性。CorelDRAW 2018 透镜效果有 12 种，每一种类型的透镜都有自己的特色，能使位于透镜下的对象显示出不同的效果。本例导入素材后复制一个副本并将副本去掉颜色，再通过 ▨ （透明度工具）设置渐变透明效果，使用 ○ （椭圆工具）绘制一个正圆，为正圆设置"放大"透镜效果，具体的操作流程如图 6-59 所示。

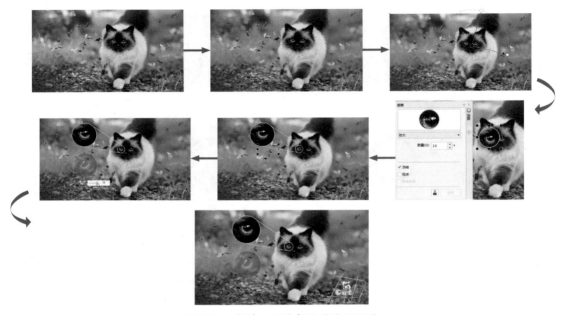

图 6-59　制作凸显局部效果的流程图

实例要点

▶ 新建文档　　　　　　　　　　　　　　▶ 设置椭圆透明度

▶ 导入素材并通过复制得到副本　　　　　▶ 添加并设置透镜

▶ 应用"取消饱和"命令

操作步骤

步骤01 执行菜单栏中的"文件 / 新建"命令或按 Ctrl+N 组合键，打开"创建新文档"对话框，在对话框中所有的参数都采用默认选项，设置完成后单击"确定"按钮，新建一个空白文档。

步骤02 执行菜单栏中的"文件 / 导入"命令，导入随书附带的"素材 \ 第 6 章 \ 猫 .jpg"文件，如图 6-60 所示。

步骤03 复制一个副本，再执行菜单栏中的"效果 / 调整 / 色度 / 取消饱和"命令，将副本去掉颜色，效果如图 6-61 所示。

图 6-60 导入素材

图 6-61 将副本取消饱和

步骤 04 使用 ▨（透明度工具）为副本图像添加 ▨（椭圆形渐变透明度），效果如图 6-62 所示。

步骤 05 使用 ◯（椭圆工具）在猫眼睛处绘制一个正圆，设置"轮廓颜色"为黄色、"轮廓宽度"为 0.75mm，效果如图 6-63 所示。

图 6-62 添加椭圆形透明度

图 6-63 绘制正圆

步骤 06 执行菜单栏中的"效果 / 透镜"命令，打开"透镜"泊坞窗，参数设置如图 6-64 所示。

其中的各项含义如下（之前讲解过的功能将不再讲解）。

● 透镜类型：用来设置图形之间的透镜效果。

● 冻结：选中该复选框，可以将应用透镜效果对象下面的其他对象所产生的效果添加成透镜效果的一部分，不会因为透镜或者对象的移动而改变该透镜效果。

图 6-64 "透镜"泊坞窗

● 视点：该参数的作用是在不移动透镜的情况下，只弹出透镜下面对象的一部分。当选中该复选框时，其右边会出现一个编辑按钮，单击此按钮，则在对象的中心会出现一个"×"标记，此标记代表透镜所观察到的对象的中心，拖动该标记到新的位置或在"透镜"泊坞窗中输入该标记的坐标位置值，单击"应用"按钮，则可观察到以新视点为中心的对象的一部分透镜效果。

● 移除表面：选中此复选框，则透镜效果只显示该对象与其他对象重合的区域，而被透镜覆盖的其他区域则不可见。

● ▣（锁定应用）：当按钮变为 ▣ 形状时，应用的透镜效果会自动显示出来；当按钮变为 ▣ 形状时，选择透镜后需单击"应用"按钮，才能看到效果。

步骤 07 移动放大后的区域到小猫的一边，再将其调大一点，效果如图 6-65 所示。

步骤 08 再绘制一个圆，并使用 ✎（手绘工具）绘制连接线，将正圆和连接线都设置为黄色、"轮廓宽度"为 0.75mm，效果如图 6-66 所示。

图 6-65　移动并放大区域　　　　　　　图 6-66　绘制并编辑正圆和直线

步骤⑩ 使用 ▶（选择工具）框选素材上面的图形，复制一个副本，将其进行旋转，效果如图 6-67 所示。

步骤⑩ 使用 ▩（透明度工具）设置透明度为 77，效果如图 6-68 所示。

图 6-67　旋转副本　　　　　　　　　　图 6-68　设置透明度

步骤⑪ 使用 字（文本工具）输入文字，再使用 ⁺ₘ（手绘工具）绘制直线将其进行包围。至此本例制作完成，最终效果如图 6-69 所示。

图 6-69　最终效果图

实例 52　PowerClip 命令精确剪裁后制作折扇

（实例思路）--

在 CorelDRAW 2018 中任何一个图像或图形都可以通过"置入图文框内部"命令作为内容放入容器内，使对象按目标对象的外形进行精确剪裁，它可用来进行图像编辑、版式安排等。不过作为容器的对象必须是封闭的，如矩形、圆形、多边形、美术文本等。本例使用 ◯（椭圆工具）绘制一个椭圆，并将其转换成曲线后调整形状，移入素材并应用 PowerClip 命令，将其放置到椭圆内，编辑完成并将其进行"旋转"复制，具体的操作流程如图 6-70 所示。

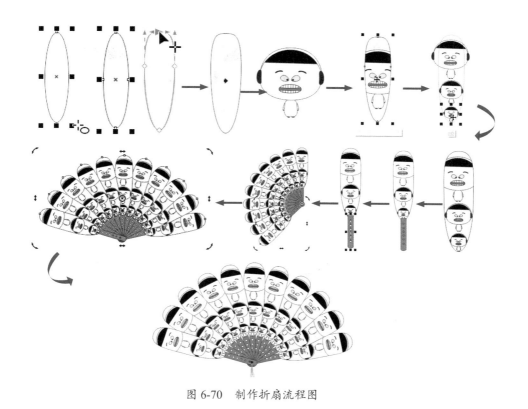

图 6-70 制作折扇流程图

（实例要点）

▶ 新建文档

▶ 使用"椭圆工具"绘制椭圆

▶ 将椭圆转换成曲线

▶ 使用"形状工具"调整椭圆形状

▶ 移入素材并应用 PowerClip 命令

▶ 为图形应用"移除前面对象"命令

▶ 通过"旋转"变换泊坞窗旋转复制图形

▶ 绘制图形和线条

（操作步骤）

步骤 01 执行菜单栏中的"文件 / 新建"命令或按 Ctrl+N 组合键，打开"创建新文档"对话框，在对话框中所有的参数都采用默认选项，设置完成后单击"确定"按钮，新建一个空白文档。

步骤 02 使用 ○（椭圆工具）绘制一个椭圆并将其填充为灰色，按 Ctrl+Q 组合键将椭圆转换成曲线，使用 ⬦（形状工具）调整椭圆形状，效果如图 6-71 所示。

步骤 03 打开之前制作的"卡通小人 .cdr"文件，选择素材并将其粘贴到新建文档中，效果如图 6-72 所示。

步骤 04 选择小人，执行菜单栏中的"对象 /PowerClip/ 置于图文框内部"命令，此时鼠标指针变为一个箭头，用鼠标在椭圆上单击，会将小人置于图形内部，效果如图 6-73 所示。

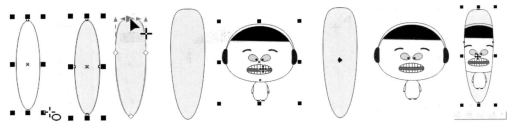

图 6-71　绘制椭圆并调整形状　　图 6-72　移入素材　　图 6-73　小人置于椭圆内部

> **技巧：** 使用鼠标右键拖曳图像到图形上，释放鼠标，会弹出一个快捷菜单，在其中选择 "PowerClip 内部" 命令，也可以将图像置于图文框内部，如图 6-74 所示。
>
> 图 6-74　置于图文框内部

步骤05 执行菜单栏中的 "对象 /PowerClip/ 编辑 PowerClip" 命令，即可进入编辑状态，将小人缩小并复制两个副本，将其移动位置，效果如图 6-75 所示。

> **技巧：** 选择精确剪裁后的对象，直接单击 （编辑 PowerClip）按钮，此时会自动裁剪到容器内，如图 6-76 所示。

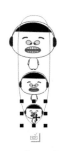
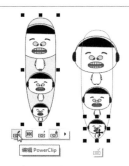

图 6-75　复制并编辑小人　　图 6-76　单击 "编辑 PowerClip" 按钮

步骤06 执行菜单栏中的 "对象 /PowerClip/ 完成编辑 PowerClip" 命令完成编辑。使用 （矩形工具）绘制一个灰色矩形，按 **Ctrl+Q** 组合键将其转换成曲线，再使用 （形状工具）调整矩形形状，效果如图 6-77 所示。

步骤07 使用 （椭圆工具）绘制 6 个正圆，效果如图 6-78 所示。

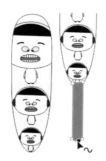

图 6-77　完成编辑并绘制矩形　　　　图 6-78　绘制正圆

步骤08 将正圆和矩形一同选取，在属性栏中单击 (移除前面对象)按钮，效果如图6-79所示。

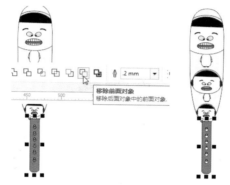

图 6-79　使用"移除前面对象"后的效果对比

> 技巧：移除前面对象功能可以减去前后对象的重叠区域，仅保留后面对象的非重叠区域，
> 在页面中框选绘制的两个对象，执行菜单栏中的"对象/造型/移除前面对象"
> 命令，会修剪与后面对象相重叠的区域。

步骤09 按 Ctrl+End 组合键将图形放置到最后面，效果如图 6-80 所示。

步骤10 框选所有对象，按 Ctrl+G 组合键将其组合为一个整体，单击调出旋转中心点，执行菜单栏中的"对象/变换/旋转"命令，打开"旋转"变换泊坞窗，设置"角度"为15°，选中"相对中心"复选框，设置"副本"为1，单击"应用"按钮，效果如图6-81所示。

步骤11 单击"应用"按钮数次，复制多个副本，效果如图 6-82 所示。

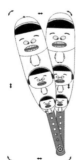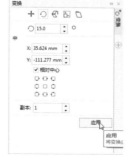

图 6-80　调整图形顺序　　　　图 6-81　旋转后的效果　　　　图 6-82　应用旋转复制多个副本

步骤 12 框选所有对象，将图形进行旋转，效果如图 6-83 所示。

步骤 13 使用 □（矩形工具）绘制橘色矩形，使用 ✒（钢笔工具）绘制一个橘色封闭图形，使用 ✑（手绘工具）绘制曲线，效果如图 6-84 所示。

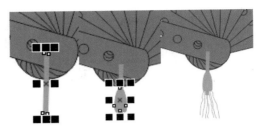

图 6-83　旋转整个图形

图 6-84　绘制图形

步骤 14 使用 ○（椭圆工具）绘制一个黑色正圆，将其作为扇子的轴。至此本例制作完成，最终效果如图 6-85 所示。

图 6-85　最终效果图

本章练习与习题

练习

练习使用"简化""移除前面对象"命令。

习题

1.（　　）造型命令可以将两个图形的相交区域变为一个图形。

　　A. 相交　　　　　　B. 简化　　　　　　C. 移除后面对象　　　　D. 边界

2."透镜"泊坞窗中的（　　）不能应用于位图。

　　A. 鱼眼　　　　　　B. 放大　　　　　　C. 变亮　　　　　　　　D. 反转

第 7 章

艺术笔与度量

在 CorelDRAW 2018 软件中使用"艺术笔工具"绘制图案时，能够真正体验出方便快捷并得到美观图案的画笔，对于对象中的标注与度量，可以通过度量工具来完成。

本章内容

▶ 艺术笔描边制作心形花环　▶ 测量图形的高度和宽度

▶ 喷涂制作装饰画　▶ 为图形进行文字标注

▶ 描边文字制作装裱文字

实例53　艺术笔描边制作心形花环

（实例思路）

　　🖊（艺术笔工具）是 CorelDRAW 2018 提供的一种具有固定或可变宽度及形状的特殊画笔工具。利用它可以创建具有特殊艺术效果的线段或图案，是所有绘画工具中最灵活多变的，为矢量绘画增添了丰富的效果。本例使用🖌（基本形状工具）绘制心形，再将导入的素材置入心形中，并为心形轮廓设置画笔描边，具体操作流程如图 7-1 所示。

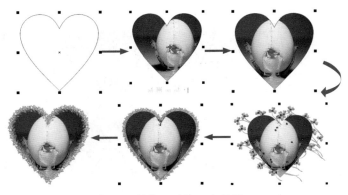

图 7-1　制作心形花环流程图

（实例要点）

　　▶ 新建文档　　　　　　　　　　　　　▶ 应用"置于图文框内部"命令
　　▶ 使用"基本形状工具"绘制心形　　　▶ 使用艺术笔对轮廓进行画笔描边
　　▶ 导入素材

（操作步骤）

步骤01 执行菜单栏中的"文件 / 新建"命令或按 Ctrl+N 组合键，打开"创建新文档"对话框，在对话框中所有的参数都采用默认选项，设置完成后单击"确定"按钮，新建一个空白文档。

步骤02 使用🖌（基本形状工具）在页面中绘制一个心形，如图 7-2 所示。

步骤03 执行菜单栏中的"文件 / 导入"命令，导入随书附带的"素材 \ 第 7 章 \ 蛋 .jpg"文件，如图 7-3 所示。

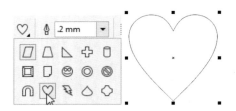

图 7-2　绘制心形

图 7-3　导入素材

步骤04 执行菜单栏中的"对象 /PowerClip/ 置于图文框内部"命令，此时鼠标指针变为一个箭头，用鼠标在心形上单击，将素材置入心形内部，效果如图 7-4 所示。

图 7-4 将心形置于图文框内部

步骤05 执行菜单栏中的"对象 /PowerClip/ 编辑 PowerClip"命令，即可进入编辑状态，将素材移动位置并调整大小，效果如图 7-5 所示。

步骤06 执行菜单栏中的"对象 /PowerClip/ 完成编辑 PowerClip"命令，完成编辑，效果如图 7-6 所示。

步骤07 执行菜单栏中的"效果 / 艺术笔"命令，打开"艺术笔"泊坞窗，选择其中的一个植物画笔并双击，效果如图 7-7 所示。

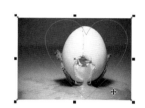   

图 7-5 编辑并调整图形　图 7-6 完成编辑后的效果　　　　图 7-7 画笔描边

步骤08 在属性栏中设置"喷涂对象大小""每个色块中的图像数和图像间距"，在"旋转"下拉面板中选中"相对于路径"单选按钮，如图 7-8 所示。

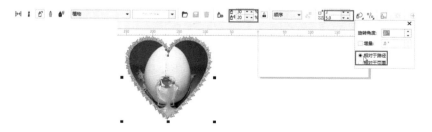

图 7-8 设置画笔

其中的各项含义如下（之前讲解过的功能将不再讲解）。

- 类别：为所选的艺术笔选择一个喷涂类别，单击后面的倒三角，可在弹出的下拉菜单中选择类别。
- 喷射图样：不同类别会有自己对应的一组喷射图案，如图 7-9 所示。
- ⬚ （喷涂列表选项）：通过添加、移除和重新排列喷射对象来编辑喷涂列表，单击可打开"创建播放列表"对话框，如图 7-10 所示。

图 7-9　喷射图样　　　　图 7-10　"创建播放列表"对话框

◆ 喷涂列表：用来设置喷涂时该项目的所有图案。

◆ 播放列表：用来设置实际喷涂时的图案个数，如图 7-11 所示。

图 7-11　喷涂图样

◆ 顺序：调整喷涂时选择图案的排列顺序，只能对"播放列表"中的图案进行调整，
　 包含下移一层，如图 7-12 所示；上移一层，如图 7-13 所示；反转顺序，如图 7-14
　 所示。

图 7-12　下移一层　　　　图 7-13　上移一层　　　　图 7-14　反转顺序

◆ 添加：可以将当前在"喷涂列表"中选择的图案添加到"播放列表"中，如图 7-15 所示。

（a）　　　　　　　　　　　　　（b）

图 7-15　添加到播放列表

◆ 移除：可以将当前在"播放列表"中选择的图案删除，如图 7-16 所示。

◆ 全部添加：可以将"喷涂列表"中的图案全部添加到"播放列表"中，如图 7-17 所示。

图 7-16　移除图案

图 7-17　全部添加图案

◆ 清除：可以将"播放列表"中的所有图案全部删除，如图 7-18 所示。

图 7-18　清除全部图案

技巧：艺术画笔绘制的笔触图案通常是依附到绘制的路径上，可以通过按 Ctrl+K 组合键把路径从图案上分离出来，再按 Ctrl+U 组合键取消群组，就可以单独选择一个图案，如图 7-19 所示。

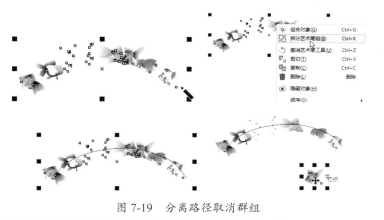

图 7-19　分离路径取消群组

- ⬚⬚ %（喷涂大小）：上框是将喷射对象的大小统一调整为其原始大小的某一特定的百分比；下框是将每一个喷射对象的大小调整为前面对象大小的某一特定百分比。

- ⬚（递增按比例放缩）：允许喷射对象在沿笔触移动过程中放大或缩小。

- 喷涂顺序：选择喷涂对象沿笔触显示的顺序，其中包含"随机""顺序"和"按方向"。随机：在创建喷涂时，随机出现播放列表中的图案，如图 7-20 所示。顺序：在创建喷涂时，按编号顺序出现播放列表中的图案，如图 7-21 所示。按方向：在创建喷涂时，播放列表中处于同一方向的图案会重复出现，如图 7-22 所示。

图 7-20　随机　　　　　　　图 7-21　顺序　　　　　　　图 7-22　按方向

- ⬚（添加到喷涂列表）：添加一个或多个对象到喷涂列表，单击此按钮可以将选择的图案添加到"自定义类型"的喷涂列表中。

- ⬚⬚（每个色块中的图像数和图像间距）：上框是设置每个色块中的图像数；下框是调整沿每个笔触长度的色块间的距离。

- ⬚（旋转）：访问喷射对象的旋转选项，如图 7-23 所示。

  ◆ 旋转角度：用于设置图案相对于路径或者页面的旋转角度。

  ◆ 增量：用于将已经发生旋转的图案进行角度递增式的增加，角度为 30°、增量为 30° 时效果如图 7-24 所示。

  ◆ 相对于路径：图案旋转时以路径为参照物。

  ◆ 相对于页面：图案旋转时以页面为参照物。

- ⬚（偏移）：访问喷射对象的偏移选项，如图 7-25 所示。

图 7-23　旋转选项

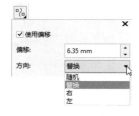

图 7-24　旋转角度 30°、增量 30° 效果　　　　　图 7-25　偏移选项

  ◆ 使用偏移：对绘制的喷涂图案进行位置上的偏移，如图 7-26 所示。

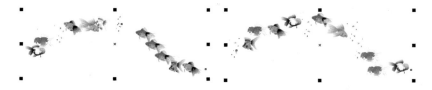

图 7-26　偏移

◆ 偏移：用数值确定偏移距离。

◆ 方向：用来设置图案偏移的方向。

步骤⑨ 执行菜单栏中的"对象 / 拆分艺术笔组"命令，效果如图 7-27 所示。

步骤⑩ 选择拆分后的心形，按 Ctrl+End 组合键将其放置到最后面。至此本例制作完成，最终效果如图 7-28 所示。

图 7-27　拆分图形后　　　　　　图 7-28　最终效果图

实例 54　喷涂制作装饰画

（实例思路）

　　⬛（喷涂）通过喷射一组预设图像进行绘制。本例使用⬭（椭圆工具）绘制正圆，使用🖊（手绘工具）绘制直线，再使用🖌（虚拟段删除工具）删除多余区域，为剩余区域应用"创建边界"命令，再为其填充渐变色，通过⬛（喷涂）绘制需要的图样，拆分并取消组合选择其中的一个图样，具体操作流程如图 7-29 所示。

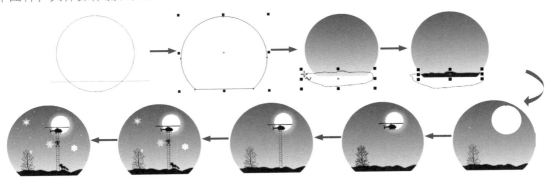

图 7-29　制作装饰画流程图

（实例要点）

▶▶ 新建文档

▶▶ 使用"椭圆工具"绘制正圆

▶▶ 使用"手绘工具"绘制线条

▶▶ 使用"虚拟段删除工具"删除多余区域

▶▶ 使用"交互式填充工具"填充渐变色

▶▶ 应用"相交"命令

▶ 使用"喷涂"绘制图样　　　　　▶ 取消组合
▶ 拆分艺术笔

（操作步骤）

步骤01　执行菜单栏中的"文件 / 新建"命令或按 Ctrl+N 组合键，打开"创建新文档"对话框，在对话框中所有的参数都采用默认选项，设置完成后单击"确定"按钮，新建一个空白文档。

步骤02　使用◯（椭圆工具）并按住 Ctrl 键绘制一个正圆，使用🖊（手绘工具）在正圆底部绘制一条直线，效果如图 7-30 所示。

步骤03　使用🖌（虚拟段删除工具）删除多余区域，效果如图 7-31 所示。

图 7-30　绘制正圆和直线

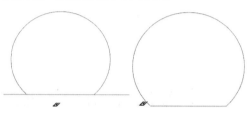
图 7-31　删除多余区域

步骤04　使用▶（选择工具）框选所有对象，在属性栏中单击🔲（创建边界）按钮，如图 7-32 所示。

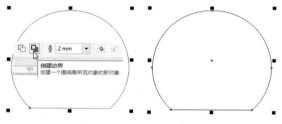
图 7-32　创建边界

步骤05　保留创建的边界，删除剩余的图形，使用◈（交互式填充工具）为图形添加渐变色并去掉轮廓，效果如图 7-33 所示。

步骤06　使用🖊（手绘工具）绘制一个封闭图形，如图 7-34 所示。

步骤07　使用▶（选择工具）框选所有对象，执行菜单栏中的"对象 / 造型 / 相交"命令，得到一个相交区域，将相交区域填充为黑色，效果如图 7-35 所示。

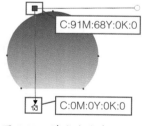
图 7-33　填充渐变色

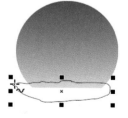
图 7-34　绘制封闭图形

图 7-35　相交图形并填充黑色

步骤⑧ 删除绘制的封闭图形，选择 ⚲（艺术笔工具）并在属性栏中单击 ⬚（喷涂）按钮，在"类别"下拉列表中选择"植物"，在"喷射图样"下拉列表中选择一个"树"图样，如图 7-36 所示。

步骤⑨ 使用 ⬚（喷涂）在页面中拖动，绘制的图样效果如图 7-37 所示。

步骤⑩ 按 Ctrl+K 组合键拆分艺术笔，选择路径将其删除，如图 7-38 所示。

图 7-36 选择图样

图 7-37 绘制图样

图 7-38 编辑图样

步骤⑪ 按 Ctrl+U 组合键取消组合，使用 ▶（选择工具）选择其中的一棵树，将其移动到图形上面，如图 7-39 所示。

步骤⑫ 使用 ◯（椭圆工具）绘制一个白色正圆，如图 7-40 所示。

步骤⑬ 使用 ▦（透明度工具）为白色正圆设置 ▦（椭圆形渐变透明度），效果如图 7-41 所示。

步骤⑭ 使用 ◯（椭圆工具）绘制一个白色正圆，效果如图 7-42 所示。

图 7-39 选择并移动树　　图 7-40 绘制正圆　　图 7-41 设置透明度　　图 7-42 绘制正圆

步骤⑮ 选择 ⚲（艺术笔工具）并在属性栏中单击 ⬚（喷涂）按钮，在"类别"下拉列表中选择"对象"，在"喷射图样"下拉列表中选择一个"飞机"图样，使用 ⬚（喷涂）在页面中拖动绘制飞机图样，效果如图 7-43 所示。

图 7-43 绘制艺术笔

步骤⑯ 按 Ctrl+K 组合键拆分艺术笔，选择路径将其删除，按 Ctrl+U 组合键取消组合，使用 ▶（选择工具）选择其中的直升机并将其移动到图形上面，再将直升机填充黑色，效果如图 7-44 所示。

步骤⑰ 使用 ✏（手绘工具）绘制直线，将其组成梯子，效果如图 7-45 所示。

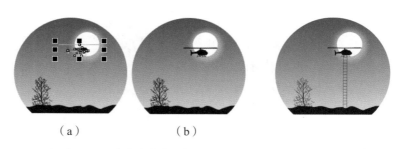

（a）　　　　　　　　　（b）

图 7-44　移动并填充飞机　　　　　图 7-45　绘制梯子

步骤⑱ 选择 （艺术笔工具）并在属性栏中单击 （喷涂）按钮，在"类别"下拉列表中选择"其他"，在"喷射图样"下拉列表中选择一个"人物"和"小动物"图样，绘制图样并将其拆分和取消组合，将选择的小人和小动物填充"黑色"，效果如图 7-46 所示。

步骤⑲ 选择 （艺术笔工具）并在属性栏中单击 （喷涂）按钮，在"类别"下拉列表中选择"其他"，在"喷射图样"下拉列表中选择一个"雪花"图样，绘制图样并将其拆分和取消组合，将选择的雪花移入到图形中，效果如图 7-47 所示。

图 7-46　绘制并编辑小人和小动物　　　　图 7-47　绘制并编辑雪花

步骤⑳ 使用 （星形工具）绘制白色四角星。至此本例制作完成，最终效果如图 7-48 所示。

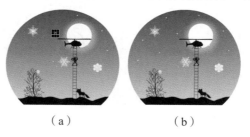

（a）　　　　　　　　　（b）

图 7-48　最终效果图

实例55　描边文字制作装裱文字

（实例思路）---

　　文字转换成曲线后，通过"艺术笔"泊坞窗可以快速为其添加画笔描边。本例使用 （文本工具）输入文字，按 Ctrl+Q 组合键将其转换成曲线，打开"艺术笔"泊坞窗，选择一个画笔为文字添加描边，具体操作流程如图 7-49 所示。

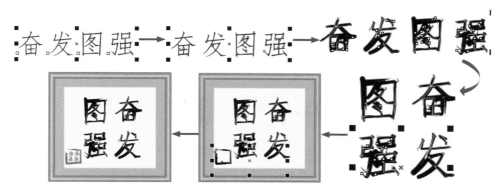

图 7-49　制作装裱文字流程图

（实例要点）

▶▶ 新建文档　　　　　　　　　　　　▶▶ 为文字添加艺术笔描边

▶▶ 使用"文本工具"输入文字　　　　▶▶ 拆分曲线

▶▶ 将文字转换成曲线　　　　　　　　▶▶ 移动文字位置

（操作步骤）

步骤01 执行菜单栏中的"文件 / 新建"命令或按 Ctrl+N 组合键，打开"创建新文档"对话框，在对话框中所有的参数都采用默认选项，设置完成后单击"确定"按钮，新建一个空白文档。

步骤02 使用 字（文本工具）在页面中输入文字，如图 7-50 所示。

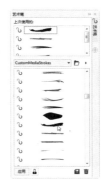

图 7-50　输入文字

步骤03 执行菜单栏中的"对象 / 转换为曲线"命令或按 Ctrl+Q 组合键，将文字转换为曲线，如图 7-51 所示。

步骤04 执行菜单栏中的"效果 / 艺术笔"命令，打开"艺术笔"泊坞窗，在其中选择一个画笔笔触，如图 7-52 所示。

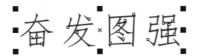

图 7-51　将文字转换为曲线　　　　　图 7-52　选择笔触

步骤 05 单击"应用"按钮或双击笔触图标,得到描边效果,在属性栏中设置"笔触宽度"为4.5mm,效果如图 7-53 所示。

图 7-53　描边文字效果

步骤 06 选择描边文字并按 Ctrl+K 组合键进行拆分,删除文字路径,如图 7-54 所示。

步骤 07 按 Ctrl+U 组合键取消文字群组,调整文字顺序,如图 7-55 所示。

步骤 08 执行菜单栏中的"文件 / 导入"命令,导入随书附带的"素材 \ 第 7 章 \ 装裱背景 .cdr"文件,选择描边文字并将其拖曳到素材上面,调整顺序后效果如图 7-56 所示。

图 7-54　拆分并删除路径　　　　图 7-55　调整文字顺序　　　　图 7-56　导入素材效果

步骤 09 绘制一个矩形框,在"艺术笔"泊坞窗中单击笔触进行描边,效果如图 7-57 所示。

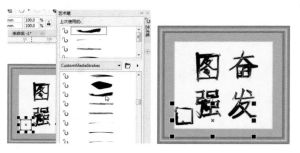

图 7-57　绘制并描边矩形

步骤 10 在矩形框内输入文字,将文字转换为曲线,在"艺术笔"泊坞窗中单击笔触进行描边,效果如图 7-58 所示。

步骤 11 选择矩形框和文字,将其填充为红色。至此本例制作完成,最终效果如图 7-59 所示。

图 7-58　输入并描边文字　　　　图 7-59　最终效果图

实例 56 测量图形的高度和宽度

实例思路

在创建技术图表、建筑施工图等需要精确度量尺寸、严格把持比例的绘图任务时，使用度量工具可以十分轻松地测量出对象水平、垂直方向上的距离，还可以测量角度等，帮助用户轻松完成任务。本例打开素材后，使用▱（平行度量工具）为素材进行高度、宽度的测量，具体操作流程如图 7-60 所示。

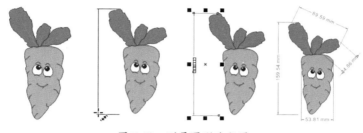

图 7-60 测量图形流程图

实例要点

▶ 打开文档

▶ 为文字设置大小

▶ 使用"平行度量工具"测量高度、宽度

操作步骤

步骤01 执行菜单栏中的"文件/打开"命令或按Ctrl+O组合键，打开随书附带的"素材\第7章\胡萝卜.cdr"文件，如图 7-61 所示。

步骤02 使用▱（平行度量工具），在胡萝卜叶子顶部处按下鼠标，向下拖动鼠标到底部后释放鼠标，向左拖动后单击鼠标，为其添加测量的高度，如图 7-62 所示。

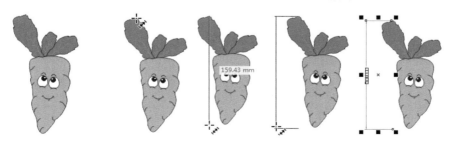

图 7-61 打开素材   图 7-62 测量高度

步骤03 选择▱（平行度量工具），属性栏会变成该工具对应选项设置，如图 7-63 所示。

图 7-63　平行度量工具属性栏

其中的各项含义如下（之前讲解过的功能将不再讲解）。

● ┃十进制┃ ▼（度量样式）：其中包含"十进制""小数""美国工程""美国建筑学"4
种，默认情况下使用"十进制"进行度量。

● ┃0.00┃ ▼（度量精度）：选择度量线测量的精确度，最高可精确到小数点后 10 位。

● ┃mm┃ ▼（度量单位）：选择度量线的测量单位。

● ┃"m┃（显示单位）：在度量线文本中显示测量单位。

● ┃0.1┃（显示前导零）：当值小于 1 时，在度量线测量中显示前导零，如图 7-64 所示。

● 前缀：在文本框中输入的文字，会自动出现在测量数值的前面，如图 7-65 所示。

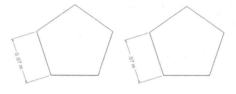

图 7-64　显示前导零　　　　　图 7-65　前缀

● 后缀：在文本框中输入的文字，会自动出现在测量数值的后面。

● ┃◁◁◁▷┃（动态度量）：当度量线重新调整大小时自动更新度量线测量，若不选中此按钮，
重新调整度量线时，测量的数据不变，如图 7-66 所示。

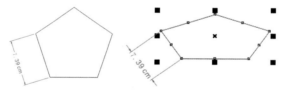

图 7-66　动态度量

> **技巧**：在属性栏中激活"动态度量"时，可以在属性栏中设置详细的参数；不激活时，
> 　　　　参数部分不可以进行编辑。

● ┃x┃（文本位置）：依照度量线定位度量线文本，单击┃x┃（文本位置）图标会看到 6 种
不同的文本位置，如图 7-67 所示。

◆ 尺度线上方的文本：测量后文本数据出现在度量线的上方，位置可以移动，如图 7-68
所示。

图 7-67　文本位置　　　　图 7-68　尺度线上方的文本

◆ 尺度线中的文本：测量后文本数据出现在度量线中，位置可以移动，如图 7-69 所示。

◆ 尺度线下方的文本：测量后文本数据出现在度量线的下方，位置可以移动，如图 7-70 所示。

◆ 将延伸线间的文本居中：设置文本位置后加选此项，会将度量文本放置到度量线的中间，如图 7-71 所示。

图 7-69　尺度线中的文本　　图 7-70　尺度线下方的文本　　图 7-71　将延伸线间的文本居中

◆ 横向放置文本：设置文本位置后加选此项，会将度量文本进行横向摆放，如图 7-72 所示。

◆ 在文本周围绘制文本框：设置文本位置后加选此项，会将度量文本添加一个文本框，如图 7-73 所示。

● 　（延伸线选项）：自定义度量线上的延伸线，单击后可以在下拉菜单中进行设置，如图 7-74 所示。

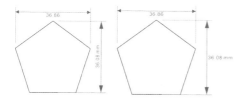 

图 7-72　横向放置文本　　　　图 7-73　在文本周围绘制文本框　　图 7-74　延伸线选项

◆ 到对象的距离：选中此复选框，可以自定义延伸线到测量对象之间的距离，如图 7-75 所示。

◆ 延伸伸出量：选中此复选框，可以自定义延伸线伸出的距离，如图 7-76 所示。

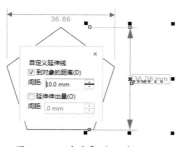 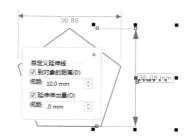

图 7-75　到对象的距离　　　　图 7-76　延伸线伸出的距离

技巧：度量数据文本的大小，可以直接选择数据文本后，在属性栏中设置文字的大小。

技巧：延伸线向外延伸的距离最大值取决于度量时文本的位置，文本离对象的距离就是"到对象的距离"的最大值，值为最大时则不显示箭头到对象的延伸线，如图7-77所示。

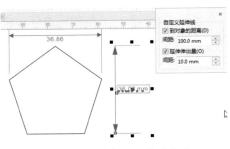

图 7-77　到对象的距离最大值

● ⬚（轮廓宽度）：通过下拉列表或输入参数值，来设置延伸线的粗细。

● 双箭头：通过下拉列表选择不同的延伸线箭头。

● 线条样式：通过下拉列表选择不同的轮廓样式，来设置延伸线的样式效果。

技巧：双击工具箱中⬚（平行度量工具），系统会打开"选项"对话框，在对话框中可以设置"样式""精度""单位""前缀"和"后缀"，如图7-78所示。

图 7-78　"选项"对话框

步骤 04 选择标注文字，设置"文字大小"为24pt，效果如图7-79所示。

步骤 05 再测量一下胡萝卜的宽度、叶子间距等。至此本例制作完成，最终效果如图7-80所示。

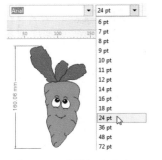

图 7-79　设置标注文字

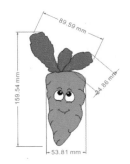

图 7-80　最终效果图

实例 57　为图形进行文字标注

（实例思路）- -

　　使用 ☑（3 点标注工具）可以快速为对象添加折线标注文字。本例打开素材后，使用 ☑（3 点标注工具）为素材进行标注，具体操作流程如图 7-81 所示。

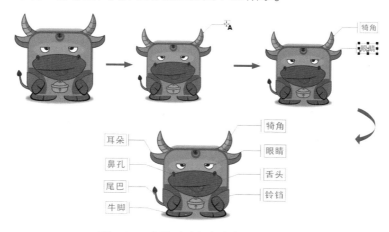

图 7-81　为图形进行文字标注流程图

（实例要点）- -

▶ 打开文档　　　　　　　　　　　　　　　　▶ 设置文字字体和大小

▶ 使用"3 点标注工具"添加标注

（操作步骤）- -

步骤01 执行菜单栏中的"文件 / 打开"命令或按 Ctrl+O 组合键，打开随书附带的"素材 \ 第 7 章 \ 十二生肖 - 牛 .cdr"文件，如图 7-82 所示。

步骤02 选择 ☑（3 点标注工具），在属性栏中设置"标注形状"为"线和边框"，其他参数为默认值，如图 7-83 所示。

图 7-82　打开素材

图 7-83　设置标注属性

其中的各项含义如下（之前讲解过的功能将不再讲解）。

- 标注形状：为标注添加文本样式，在下拉列表中选择形状，就可以添加到标注文本中。
- 间隙：用来设置文本与标注形状之间的距离。
- 起始箭头：用来设置标注线对应位置的箭头形状，在下拉列表中可以选择样式。

步骤03 使用 （3点标注工具）在牛的犄角上按下鼠标向外拖动，释放鼠标后再拖动一段距离确定文字位置后单击，再输入说明文字"犄角"，设置文字字体为"Adobe 黑体 Std R"，"字体大小"为24pt，效果如图 7-84 所示。

图 7-84 添加犄角标注

步骤04 为眼睛添加"眼睛"标注，如图 7-85 所示。

步骤05 依次添加标注说明，最终效果如图 7-86 所示。

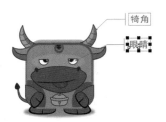

图 7-85 添加眼睛标注

图 7-86 最终效果图

本章练习与习题

练习

1. 练习使用 （喷涂）设置喷绘单个笔触。

2. 导入位图后对其进行"高度""宽度"的测量。

习题

1. （3点标注工具）设置标注时不可以设置（   ）。

  A. 标注形状   B. 标注间隙   C. 轮廓宽度   D. 前缀

2. （平行度量工具）可以设置（   ）。

  A. 样式   B. 精度   C. 单位   D. 前缀   E. 后缀

第 8 章

特殊效果的创建

通过前面章节的学习，用户已经对图形的基本绘制、对象的编辑、对象的填充等有所了解，但这只是 CorelDRAW 2018 强大功能的一部分，要创作出具有专业水准的作品，还应当使用 CorelDRAW 2018 提供的各种特效工具。通过这些特效工具，可以创建调和效果、轮廓图效果、阴影效果、块阴影、立体化效果以及变形等特殊效果。除此之外，还可以通过"添加透视点""斜角"等命令创建对象的特殊效果。

本章内容

▶▶ 交互式工具制作双 11 展台　　　▶▶ 块阴影工具制作长阴影图形

▶▶ 调和工具创建过渡效果　　　　　▶▶ 变形工具制作传媒图标

▶▶ 封套工具制作拱形字　　　　　　▶▶ 新建路径制作弹簧文字

▶▶ 轮廓图工具制作轮廓字　　　　　▶▶ 添加透视点制作凉棚

▶▶ 立体化工具制作齿轮　　　　　　▶▶ 使用"斜角"泊坞窗制作五角星

实例 58　交互式工具制作双 11 展台

实例思路

　　CorelDRAW 2018 中的交互式工具可以为图形创建特殊效果。本例使用 ◯（多边形工具）、◯（椭圆工具）和 ☆（星形工具）绘制六边形、正圆和五角星，设置轮廓后将其转换成对象，再为其创建调和、轮廓图和阴影，具体操作流程如图 8-1 所示。

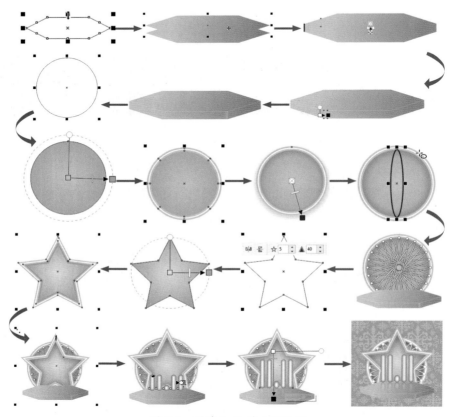

图 8-1　制作双 11 展台流程图

实例要点

▶▶ 新建文档

▶▶ 使用"多边形工具"绘制六边形

▶▶ 使用"椭圆工具"绘制正圆

▶▶ 使用"星形工具"绘制五角星

▶▶ 使用"调和工具"创建调和

▶▶ 使用"阴影工具"添加阴影

▶▶ 使用"轮廓图工具"创建轮廓图

▶▶ 使用"透明度工具"创建透明

▶▶ 将轮廓转换成对象

▶▶ 为图形填充渐变色

▶▶ 调整图形顺序

(操作步骤) -

步骤①1 执行菜单栏中的"文件 / 新建"命令或按 Ctrl+N 组合键,打开"创建新文档"对话框,在对话框中所有的参数都采用默认选项,设置完成后单击"确定"按钮,新建一个空白文档。

步骤②2 使用 ◯ (多边形工具)在页面中绘制一个六边形,将其进行调整,效果如图 8-2 所示。

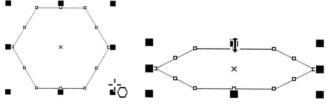

图 8-2 绘制并编辑六边形

步骤③3 使用 ◯ (交互式填充工具)在六边形上拖动,为其填充渐变色,去掉轮廓后的效果如图 8-3 所示。

图 8-3 填充渐变效果

步骤④4 向上拖动六边形,单击鼠标右键复制一个副本,效果如图 8-4 所示。

步骤⑤5 使用 ◯ (调和工具)在两个图形上拖动,为其添加调和效果,如图 8-5 所示。

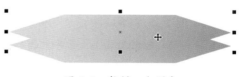

图 8-4 复制一个副本

图 8-5 创建调和效果

其中的各项含义如下(之前讲解过的功能将不再讲解):

● 预设列表:单击此下拉列表,用户可以选择 CorelDRAW 2018 系统自带的几种调和方式。

● ▦(对象原点):定位或变换对象时,设置要使用的参考点。

● 对象位置:在该文本框中显示了对象在绘图页面中的位置。

● 对象大小:在该文本框中显示了当前对象的大小。

● ☑(调和步长):将调和放置到新路径上后,该按钮会被激活,单击即可按照已经确定的步长和固定的间距进行调和。

● ▮◄►▮(调和间距):设置与路径匹配调和中对象之间的间距,仅在调和已附加到路径时适用。

- ⊡ 20／10.0 mm（调和对象）：此列表框用于调整对象步长数和对象之间的间距。
- ⊞ 0 °（调和方向）：在该列表框中输入数值，可设置图像的调和角度。
- ⌖（环绕调和）：单击该按钮，调和的中间对象除了自身的旋转外，同时将以起始对象和终点对象的中间位置为旋转中心做旋转分布，形成一种弧形旋转调和效果。

> **技巧：** ⌖（环绕调和）按钮，只有在使用了 ⊞ 0 °（调和方向）功能之后才能被激活。

- ⚐（路径属性）：单击此按钮，可以打开一个选项菜单，通过此菜单可以为调和对象设置新的路径、显示路径、将调和从路径分离。
- ⚐（直接调和）：直接调和图形颜色。
- ⚐（顺时针调和）：顺时针调和图形颜色。
- ⚐（逆时针调和）：逆时针调和图形颜色。
- ⚐（对象和颜色加速）：单击此按钮，在弹出的菜单中通过拖动控制滑块设置调和中对象显示与颜色更改的速率，如图8-6所示。

> **提示：** 在 ⚐（对象和颜色加速）中，单击 ⚿（锁定）按钮，拖曳控制滑块可以同时调整 ⚐（对象）和 ⚐（颜色），解锁后，拖曳控制滑块可以单独对 ⚐（对象）和 ⚐（颜色）进行调整。

- ⚐（调整加速大小）：用于设置混合图形之间对象大小更改的速率。
- ⚐（更多调和选项）：单击此按钮，在弹出的下拉菜单中可以进行"映射节点""拆分""熔合始端""熔合末端""沿全路径调和""旋转全部对象"操作，如图8-7所示。

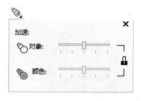

图8-6　对象和颜色加速　　　　图8-7　更多调和选项

◆ 映射节点：将调和对象形状的节点映射到结束形状的节点上，改变调和形状，过程如图8-8所示。

图8-8　映射节点

◆ 拆分：将调和从中间截为两个调和，如图8-9所示。
◆ 熔合始端：将拆分后的调和按照起始端位置重新熔合。
◆ 熔合末端：将拆分后的调和按照结束端位置重新熔合。

图 8-9 拆分

● ▦（起始和结束属性）：单击此按钮，在打开的选项菜单中可以显示调和对象的起点和终点。

● ▦（复制调和属性）：单击此按钮，可以将一个应用调和属性的对象效果复制到当前调和效果上。

● ▦（清除调和）：单击此按钮，清除对象的调和效果。

步骤06 选择最上层的图形，复制一个副本，为其添加一个"白色"轮廓，效果如图 8-10 所示。

步骤07 使用▦（透明度工具）在六边形上拖动，为其添加渐变透明效果，效果如图 8-11 所示。

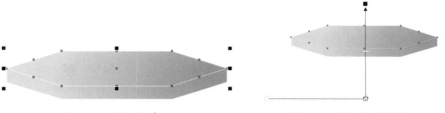

图 8-10 添加轮廓　　　　　　　　图 8-11 添加透明效果

步骤08 使用□（矩形工具）绘制一个"灰色"矩形，如图 8-12 所示。

步骤09 使用▦（透明度工具）在矩形上拖动，为其创建渐变透明度，效果如图 8-13 所示。

图 8-12 绘制矩形　　　　　　　　图 8-13 创建透明度

步骤10 复制一个矩形向右移动，单击属性栏中的▦（水平镜像）按钮，此时平台部分制作完成，效果如图 8-14 所示。

步骤11 下面再制作圆形区域。使用○（椭圆工具）在页面中绘制一个正圆，如图 8-15 所示。

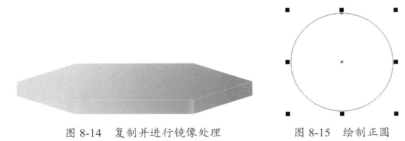

图 8-14 复制并进行镜像处理　　　　　图 8-15 绘制正圆

步骤⑫ 选择 （交互式填充工具）在属性栏中选择 （渐变填充），再应用 （椭圆形渐变填充）为正圆填充渐变色，如图 8-16 所示。

步骤⑬ 将"轮廓宽度"设置为 5.0mm，按 Ctrl+Shift+Q 组合键，将轮廓转换成对象，如图 8-17 所示。

步骤⑭ 将对象填充为白色，设置"轮廓颜色"为"C:0、M:40、Y:20、K:0"，设置"轮廓宽度"为 5.0mm，如图 8-18 所示。

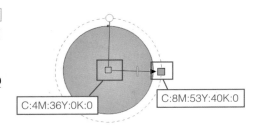

C:4M:36Y:0K:0
C:8M:53Y:40K:0

图 8-16　填充渐变色

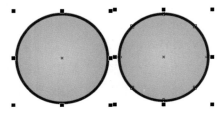

图 8-17　将轮廓转换成对象

图 8-18　设置轮廓

步骤⑮ 使用 （阴影工具）在图形上拖动，为其添加阴影，如图 8-19 所示。

图 8-19　添加阴影

其中的各项含义如下（之前讲解过的功能将不再讲解）。

● （阴影方向）：用来设置阴影的角度方向，数值在 -360°～360° 之间。

● （阴影延展）：用来设置阴影的延伸长度，数值在 0～100 之间。

● （阴影淡出）：在此项中可以调节阴影的淡出效果，数值越大，阴影外端越透明，此选项只有在设置有角度的阴影时才会被激活。

● （阴影的不透明）：在此项中可以调节阴影的不透明度，数值在 0～100 之间，数值越大颜色越深，数值越小颜色越淡。

● （阴影羽化）：在此项中输入数值可以调节阴影边缘的羽化程度，数值越大边缘越柔和。

● （阴影羽化方向）：单击此按钮会弹出一个下拉菜单，在此下拉菜单中用户可以选择不同的羽化方向，如图 8-20 所示。

◆ 高斯式模糊：选择此项，阴影以高斯模糊的模糊状态开始计算羽化值。

◆ 向内：选择此项，阴影从内部开始计算羽化值。

◆ 中间：选择此项，阴影从中间开始计算羽化值。

◆ 向外：选择此项，阴影从外部开始计算羽化值。

◆ 平均：选择此项，阴影以平均状态介于内外之间计算羽化值。

● 🔲（羽化边缘）：用来设置阴影羽化边缘效果，在下拉菜单中可以选择边缘样式，如
图 8-21 所示。

图 8-20　阴影羽化方向列表　　　　图 8-21　阴影羽化边缘

◆ 线性：选择此项，阴影以边缘开始进行羽化。

◆ 方形的：选择此项，阴影从边缘外进行羽化。

◆ 反白方形：选择此项，阴影从边缘向外进行羽化。

◆ 平面：选择此项，阴影以平面方式不进行羽化。

● ■▼（阴影颜色）：单击下拉按钮，会弹出颜色面板，在该面板中可以选择阴影的颜色。

技巧：对于阴影颜色，我们可以在"颜色表"中选择颜色后向阴影色块内拖动，释放鼠标，同样可以改变阴影颜色。

● 乘　　▼（合并模式）：用来设置阴影的混合模式，单击右侧的下拉按钮，可以在弹
出的下拉菜单中选择不同的模式。

步骤⑯ 按 Ctrl+K 组合键拆分阴影，将阴影缩小，效果如图 8-22 所示。

步骤⑰ 使用○（椭圆工具）绘制椭圆，设置"轮廓宽度"为 2.0mm，效果如图 8-23 所示。

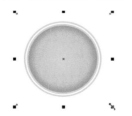
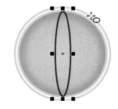

图 8-22　缩小阴影　　　　图 8-23　绘制椭圆

步骤⑱ 按 Ctrl+Shift+Q 组合键将轮廓转换成对象，将对象填充为白色，设置黑色轮廓，使用○
（椭圆工具）绘制两个白色的正圆，效果如图 8-24 所示。

步骤⑲ 将小正圆和椭圆圆环一同选取，按 Ctrl+G 组合键将其群组，执行菜单栏中的"对象 /
变换 / 旋转"命令，设置"旋转角度"为 15°，单击"应用"按钮数次，旋转复制一周，此时
正圆部分制作完成，效果如图 8-25 所示。

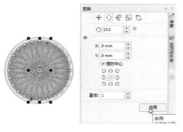

图 8-24　编辑椭圆并绘制正圆　　　　图 8-25　旋转复制一周

步骤⑳　框选整个圆形部分，按 Ctrl+G 组合键将其群组，再将其拖到六边形平台上，按 Ctrl+End 组合键将其放置到最后面，效果如图 8-26 所示。

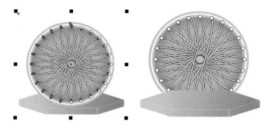

图 8-26　移动图形

步骤㉑　下面制作五角星部分。使用 ☆（星形工具）在页面中绘制一个五角星，设置"锐度"为 40，效果如图 8-27 所示。

步骤㉒　选择 ◈（交互式填充工具），在属性栏中选择 ▇（渐变填充），再应用 ▨（椭圆形渐变填充）为五角星填充渐变色，如图 8-28 所示。

图 8-27　绘制五角星　　　　　图 8-28　填充渐变色

步骤㉓　将"轮廓宽度"设置为 4.0mm，按 Ctrl+Shift+Q 组合键将轮廓转换成对象，将转换对象填充为灰色，效果如图 8-29 所示。

图 8-29　编辑对象

步骤㉔　复制一个副本并将其调大，将对象填充为白色，设置"轮廓颜色"为"C:0、M:40、Y:20、K:0"，"轮廓宽度"为 2.5mm，如图 8-30 所示。

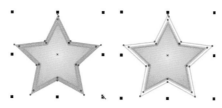

图 8-30　设置轮廓

步骤㉕ 使用 （调和工具）对两个五角星外框创建调和效果，如图 8-31 所示。

步骤㉖ 使用 （阴影工具）在图形上拖动，为其添加阴影，如图 8-32 所示。

步骤㉗ 按 Ctrl+K 组合键拆分阴影，将阴影缩小，效果如图 8-33 所示。

图 8-31　创建调和　　　　图 8-32　添加阴影　　　　图 8-33　调整阴影

步骤㉘ 框选整个五角星区域，按 Ctrl+G 组合键将其群组，再将其移动到六边形区域上，按 Ctrl+PgDn 组合键将其向后移动一层，效果如图 8-34 所示。

步骤㉙ 使用 （文本工具）输入文字，效果如图 8-35 所示。

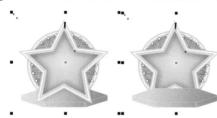

图 8-34　移动五角星　　　　　　　　图 8-35　输入文字

步骤㉚ 使用 （轮廓图工具）在文字上向外拖动，为其创建轮廓图，效果如图 8-36 所示。

图 8-36　创建轮廓图

其中的各项含义如下（之前讲解过的功能将不再讲解）。

● （到中心）：四周的轮廓线向对象中心平均收缩。

● （内部轮廓）：所选对象轮廓自动向内收缩。

- ▣（外部轮廓）：所选对象轮廓自动向外扩展。
- ↲4（轮廓图步长）：用于设置轮廓图的扩展个数，数值越大，轮廓越密集。
- ▣10.666 mr（轮廓图偏移）：设置的数值越大，轮廓线与轮廓线的距离越大。
- ▣（轮廓图角）：用来设置轮廓图角的样式，包含"斜接角""圆角"和"斜切角"三种效果，如图 8-37 所示。

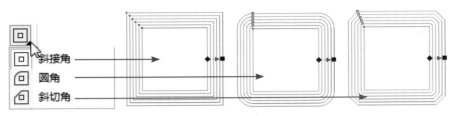

图 8-37　三种轮廓图角效果

> 技巧：▣（轮廓图角）效果中的"圆角"和"斜切角"只能应用在▣（外部轮廓）中。

- ▣（轮廓色）：用来设置轮廓色的渐变序列，包含"线性轮廓色""顺时针轮廓色"和"逆时针轮廓色"三种轮廓色渐变序列，如图 8-38 所示。"线性轮廓色"：单击此按钮，可使轮廓对象按色谱做直线渐变；"顺时针轮廓色"：单击此按钮，可使轮廓对象按色谱做顺时针渐变；"逆时针轮廓色"：单击此按钮，可使轮廓对象按色谱做逆时针渐变。

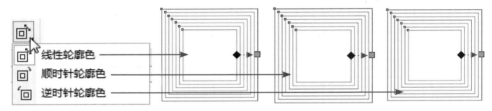

图 8-38　三种轮廓色渐变序列

- ⬗☐▾（轮廓线色）：此项可以设置轮廓线的颜色，如图 8-39 所示。
- ◇☐▾（填充色）：此项可以设置轮廓图填充色的颜色，如图 8-40 所示。

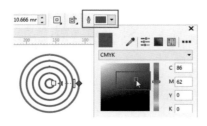

图 8-39　轮廓线色

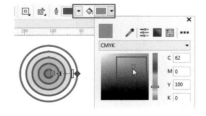

图 8-40　填充色

- ☐▾（最后一个填充选取器）：用来设置填充的第二种颜色，前提是填充颜色必须是渐变色，如图 8-41 所示。

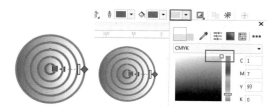

图 8-41　最后一个填充选取器

> **技巧**：创建轮廓图后，执行菜单栏中的"效果/轮廓图"命令，可以打开"轮廓图"泊坞窗，在"轮廓图"泊坞窗中同样可以对轮廓图进行参数设置。

步骤(31) 将创建轮廓图的文字拉高一些，复制一个副本，单击属性栏中的 ■（垂直镜像）按钮，将其向下移动，效果如图 8-42 所示。

步骤(32) 执行菜单栏中的"位图/转换为位图"命令，打开"转换为位图"对话框，其中的参数设置如图 8-43 所示。

步骤(33) 使用 ■（透明度工具）从上向下拖曳鼠标创建渐变透明度，效果如图 8-44 所示。

图 8-42　调整并复制文字

图 8-43　"转换为位图"对话框

图 8-44　创建透明度

步骤(34) 使用 □（矩形工具）绘制一个矩形，选择 ◇（交互式填充工具），在属性栏中单击 ▦（向量图案填充）按钮，为矩形填充一个向量图案，效果如图 8-45 所示。

步骤(35) 使用 ▨（透明度工具）为矩形设置透明度为 53，按 Ctrl+End 组合键将矩形调整到最后层。至此本例制作完成，最终效果如图 8-46 所示。

图 8-45　向量填充矩形

图 8-46　最终效果图

实例 59　调和工具创建过渡效果

（实例思路） ---

　　调和效果是通过 ◎（调和工具）在两个矢量图形之间产生形状、颜色、轮廓及尺寸上的平滑变化。在调和过程中，对象的外形、填充方式、节点位置和步数都会直接影响调和结果。本例使用 字（文本工具）输入文字并将其拆分，再使用 ◎（调和工具）在两个文字上创建过渡效果，具体操作流程如图 8-47 所示。

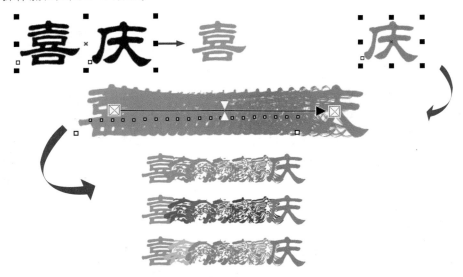

图 8-47　创建过渡效果流程图

（实例要点） ---

▶ 新建文档　　　　　　　　　　　　　　　▶ 应用"拆分"命令拆分文字

▶ 使用"文本工具"输入文字　　　　　　　▶ 使用"调和工具"创建调和效果

（操作步骤） ---

步骤 01　执行菜单栏中的"文件 / 新建"命令或按 Ctrl+N 组合键，打开"创建新文档"对话框，在对话框中所有的参数都采用默认选项，设置完成后单击"确定"按钮，新建一个空白文档。

步骤 02　使用 字（文本工具）设置合适的文字字体和大小，在文档中输入文字"喜庆"，如图 8-48 所示。

图 8-48　输入文字

步骤 03　按 Ctrl+K 组合键将美术字进行拆分，并将两个字分别填充橘色和青色，再把两个文字之间的距离调整大一些，如图 8-49 所示。

图 8-49　拆分后效果

步骤 04 使用 （调和工具）从"喜"字上按下鼠标拖动到"庆"字上，如图 8-50 所示。

图 8-50　应用调和工具

步骤 05 设置"步长"为 5，效果如图 8-51 所示。

> 提示：在设置两个对象之间的调和时，步长值可以直接体现两个对象之间调和对象的多少。

步骤 06 将调和后的对象复制两个副本，如图 8-52 所示。

步骤 07 选择第一个副本，在属性栏中单击 （顺时针调和）按钮，效果如图 8-53 所示。

步骤 08 选择第二个副本，在属性栏中单击 （逆时针调和）按钮，效果如图 8-54 所示。

步骤 09 至此本例制作完成，最终效果如图 8-55 所示。

图 8-51　设置步长值

图 8-52　复制副本

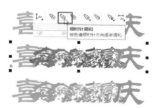

图 8-53　顺时针调和效果

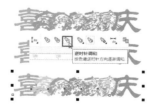

图 8-54　逆时针调和效果

图 8-55　最终效果图

实例 60　封套工具制作拱形字

实例思路

封套是通过调整边界框来改变对象的形状，其效果有点类似于印在塑料袋上的图案，扯动塑料袋则图案会随之变形。本例使用 □（矩形工具）绘制矩形和菱形，为其填充渐变色并设置菱形之间的调和效果，使用 字（文本工具）输入文字，通过 ☒（封套工具）创建变形效果，具体操作流程如图 8-56 所示。

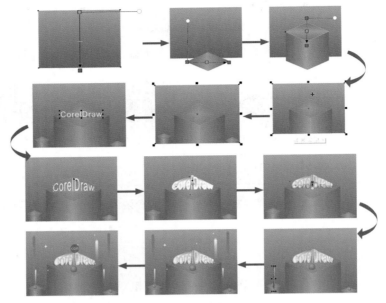

图 8-56　制作拱形字流程图

（实例要点）

- ▶ 新建文档
- ▶ 使用"矩形工具"绘制矩形和菱形
- ▶ 通过"交互式填充工具"为图形填充渐变色
- ▶ 使用"调和工具"创建调和
- ▶ 设置轮廓绘制直线

- ▶ 使用"文本工具"输入文字
- ▶ 使用"封套工具"调整文字形状
- ▶ 使用"阴影工具"添加阴影
- ▶ 使用"透明度工具"设置透明
- ▶ 使用"复杂星形工具"绘制星形

（操作步骤）

步骤01 执行菜单栏中的"文件 / 新建"命令或按 Ctrl+N 组合键，打开"创建新文档"对话框，在对话框中所有的参数都采用默认选项，设置完成后单击"确定"按钮，新建一个空白文档。

步骤02 使用 □（矩形工具）绘制矩形，再使用 ◇（交互式填充工具）在矩形上拖动为其填充渐变色，去掉轮廓，如图 8-57 所示。

步骤03 使用 □（矩形工具）绘制矩形并旋转 45°，将其调矮变成菱形，再使用 ◇（交互式填充工具）在菱形上拖曳为其填充渐变色，去掉轮廓，如图 8-58 所示。

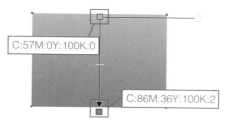

图 8-57 绘制并填充矩形

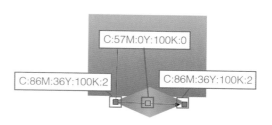

图 8-58 绘制并填充菱形

步骤04 使用 ▶ (选择工具)向上拖曳菱形,到合适位置右击鼠标,复制一个副本,如图 8-59 所示。

步骤05 使用 ◇ (调和工具)在两个菱形上拖动,为其创建调和,在属性栏中设置"调和步数"为 100,效果如图 8-60 所示。

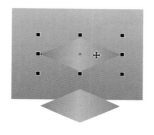
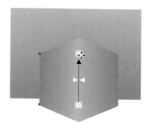

图 8-59 复制菱形副本　　图 8-60 为两菱形创建调和效果

步骤06 选择最上面的菱形,按 Ctrl+C 组合键复制,再按 Ctrl+V 组合键粘贴,复制一个副本,将副本轮廓设置为白色,使用 ◇ (交互式填充工具)调整一下渐变角度,如图 8-61 所示。

步骤07 使用 ▦ (透明度工具)为其创建透明度为 62,效果如图 8-62 所示。

步骤08 使用 ✐ (手绘工具)绘制一条灰色直线,效果如图 8-63 所示。

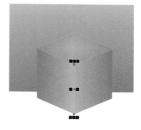

图 8-61 调整图形角度　　图 8-62 调整透明度　　图 8-63 绘制直线

步骤09 框选菱形和直线,按 Ctrl+G 组合键将其群组,执行菜单栏中的"对象 /PowerClip/ 置于图文框内部"命令,用鼠标箭头在矩形上单击,把组合对象放置到矩形内,效果如图 8-64 所示。

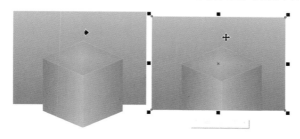

图 8-64 置于图文框内部

步骤⑩ 执行菜单栏中的"对象 /PowerClip/ 编辑 PowerClip"命令，进入编辑状态，复制两个副本，将其缩小后改变位置，效果如图 8-65 所示。

步骤⑪ 调整完成，执行菜单栏中的"对象 /PowerClip/ 完成编辑 PowerClip"命令完成编辑，效果如图 8-66 所示。

步骤⑫ 使用字（文本工具）输入文字，如图 8-67 所示。

图 8-65　复制并编辑菱形

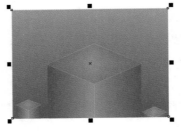
图 8-66　编辑后的图形效果

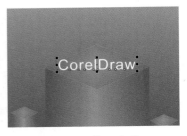
图 8-67　输入文字

步骤⑬ 选择（封套工具），在属性栏中单击（单弧模式）按钮，再使用鼠标在文字中间的变换框上向上拖动将文字变形，如图 8-68 所示。

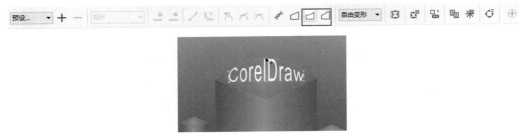

图 8-68　变形文字

其中的各项含义如下（之前讲解过的功能将不再讲解）。

● 矩形（选取模式）：设置封套的选择方式，有矩形和手绘两种方式。

● （非强制模式）：单击此按钮，可以任意拖动封套节点，添加或删除节点，制作自己想要的外形，通常这个按钮是默认被开启的，如图 8-69 所示。

图 8-69　非强制模式

● （直线模式）：单击此按钮，可启动"直线模式"。"直线模式"只能对封套节点进行水平或垂直移动，使封套的外形呈直线式的变化，如图 8-70 所示。

图 8-70　直线模式

- ◻（单弧模式）：单击此按钮，可使封套外形的某一边呈单弧形的曲线变化，如图 8-71 所示。

图 8-71　单弧模式

- ◻（双弧模式）：单击此按钮，可使封套外形的某一边呈双弧形曲线变化，使对象变形形成 S 形弧度，如图 8-72 所示。

图 8-72　双弧模式

- 自由变形 ▾（映射模式）：在此下拉列表中可以改变对象的变形方式。
- ▨（保留线条）：单击此按钮，可以对应用封套的图形保留图形中的直线不变。
- ▨（添加新封套）：单击此按钮，可以在已改动过的封套上再添加一个新封套。
- ▨（创建封套自）：单击此按钮，可以把另外一封套的外形复制到当前的封套对象上，激活此选项后，光标会变成箭头，使用此箭头在图形上单击，即可用选择图形的外形对源对象进行封套变形，如图 8-73 所示。

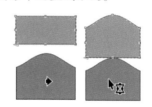

图 8-73　创建封套自

> **技巧**：绘制图形后，执行菜单栏中的"效果/封套"命令，可以打开"封套"泊坞窗，在"封套"泊坞窗中同样可以对图形进行封套设置。

步骤⑭ 复制一个副本，缩小后将其填充灰色，再使用▨（调和工具）创建调和，如图 8-74 所示。

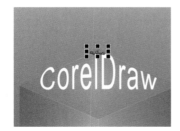 

图 8-74　创建调和文字

步骤⑮ 选择最前面的文字，复制一个副本，为其填充浅灰色，轮廓设置为灰色，效果如图 8-75 所示。

步骤⑯ 使用▨（阴影工具）为文字创建一个阴影，如图 8-76 所示。

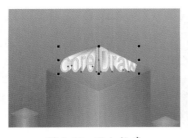

图 8-75　添加轮廓　　　　　　　　　　图 8-76　创建阴影

步骤⑰ 按Ctrl+K组合键拆分阴影，选择阴影后按Ctrl+PgDn组合键向后移动一层，效果如图8-77所示。

步骤⑱ 使用 ○（椭圆工具）绘制一个正圆，使用 ◇（交互式填充工具）为正圆填充渐变色，效果如图8-78所示。

步骤⑲ 使用 □（阴影工具）为圆球添加一个阴影，复制两个副本将其缩小后移动位置，效果如图8-79所示。

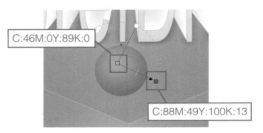

C:46M:0Y:89K:0

C:88M:49Y:100K:13

图 8-77　拆分后调整顺序　　　　　　图 8-78　绘制并填充正圆

图 8-79　编辑圆球

步骤⑳ 使用 ✿（复杂星形工具）绘制两个星形，分别填充不同颜色，使用 ◇（调和工具）为其创建调和，效果如图8-80所示。

图 8-80　绘制星形并创建调和

步骤㉑ 选择最下面的星形，为其调整透明度为 100，效果如图 8-81 所示。

步骤㉒ 再制作其他星形，使用☆（星形工具）绘制四角星，效果如图 8-82 所示。

步骤㉓ 使用○（椭圆工具）绘制一个绿色正圆，使用字（文本工具）在上面输入文字。至此本例制作完成，最终效果如图 8-83 所示。

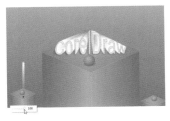

图 8-81　调整透明度　　　　　图 8-82　绘制四角星　　　　　图 8-83　最终效果图

实例 61　轮廓图工具制作轮廓字

（实例思路）

轮廓图效果可以使选定对象的轮廓向中心、向内或向外增加一系列的同心线圈，产生一种放射的层次效果。本例使用字（文本工具）输入文字，通过◎（轮廓图工具）为文字制作轮廓效果，具体操作流程如图 8-84 所示。

图 8-84　制作轮廓字流程图

（实例要点）

▶ 新建文档

▶ 使用"文本工具"输入文字

▶ 使用"轮廓图工具"为文字创建轮廓

（操作步骤）

步骤㉍ 执行菜单栏中的"文件 / 新建"命令或按 Ctrl+N 组合键，打开"创建新文档"对话框，在对话框中所有的参数都采用默认选项，设置完成后单击"确定"按钮，新建一个空白文档。

步骤 02 使用 字 （文本工具）在文档中输入文字，如图 8-85 所示。

步骤 03 使用 ▣ （轮廓图工具）在文字边缘处向外拖动使其产生轮廓图效果，如图 8-86 所示。

在文字边缘向外拖动

图 8-85　输入文字

图 8-86　添加轮廓图

步骤 04 在属性栏中设置"轮廓图步数"为 2，"轮廓图偏移"为 8mm，效果如图 8-87 所示。

步骤 05 在属性栏中设置"填充颜色"为蓝色、"轮廓色"为黑色，效果如图 8-88 所示。

图 8-87　设置轮廓参数

图 8-88　设置轮廓颜色

步骤 06 将应用轮廓后的文字填充为白色，其中的参数设置如图 8-89 所示。

步骤 07 至此本例制作完成，最终效果如图 8-90 所示。

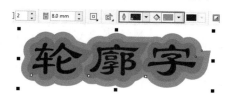

图 8-89　填充文字颜色

图 8-90　最终效果图

实例 62　立体化工具制作齿轮

实例思路

　　▣ （立体化工具）是利用三维空间的立体旋转和光源照射功能产生明暗变化的阴影，从而制作出仿真的 3D 立体效果。本例使用 ▢ （椭圆工具）和 ▢ （矩形工具）绘制正圆和圆角矩形，并将其进行合并，再通过 ▣ （立体化工具）创建立体效果，具体操作流程如图 8-91 所示。

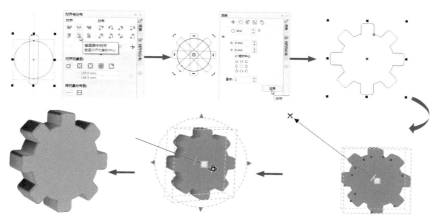

图 8-91　制作齿轮流程图

（实例要点）

▶ 新建文档

▶ 使用"椭圆工具"绘制正圆

▶ 使用"矩形工具"绘制矩形

▶ 设置矩形的圆角值

▶ 通过"旋转"变换泊坞窗进行旋转复制

▶ 将选择的图形合并为一个对象

▶ 使用"立体化工具"创建立体效果

（操作步骤）

步骤 01 执行菜单栏中的"文件/新建"命令或按 Ctrl+N 组合键，打开"创建新文档"对话框，在对话框中所有的参数都采用默认选项，设置完成后单击"确定"按钮，新建一个空白文档。

步骤 02 使用 ⬭（椭圆工具）和 ▢（矩形工具）在页面中绘制一个正圆和一个矩形，设置矩形的"圆角值"为 5mm，效果如图 8-92 所示。

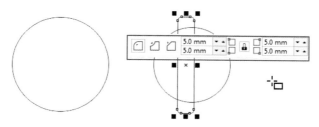

图 8-92　绘制正圆与圆角矩形

步骤 03 框选所有对象，执行菜单栏中的"对象/对齐与分布/对齐与分布"命令，打开"对齐与分布"泊坞窗，单击 🔲（水平居中对齐）按钮和 🔲（垂直居中对齐）按钮，效果如图 8-93 所示。

步骤 04 选择圆角矩形，执行菜单栏中的"对象/变换/旋转"命令，打开"旋转"变换泊坞窗，参数设置如图 8-94 所示。

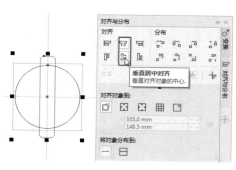

图 8-93　对齐图形

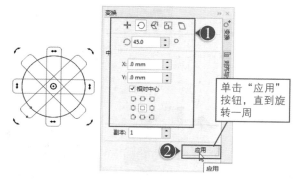

单击"应用"按钮，直到旋转一周

图 8-94　旋转圆角矩形

步骤 05 框选所有图形，执行菜单栏中的"对象 / 造型 / 合并"命令，将圆角矩形与圆形结合为一个整体，效果如图 8-95 所示。

步骤 06 将结合后的图形填充为灰色，取消轮廓，如图 8-96 所示。

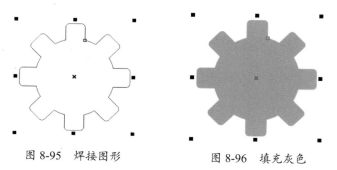

图 8-95　焊接图形　　　　　图 8-96　填充灰色

步骤 07 使用 ▩（立体化工具）在图形上拖动，为其添加立体化效果，设置"深度"为 5，效果如图 8-97 所示。

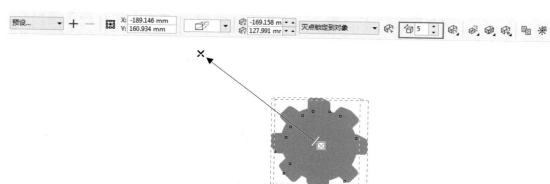

图 8-97　立体化后的效果

其中的各项含义如下（之前讲解过的功能将不再讲解）。

● ⬚▾（立体化类型）：单击此按钮，打开下拉列表，其中预置了 6 种立体化类型，如图 8-98 所示。

● ▣ .0 mm（灭点坐标）：在此文本框中输入数值可以控制灭点的坐标位置，灭点就是对象透视线相交的消失点，变更灭点位置可以变更立体化效果的进行方向，如图 8-99 所示。

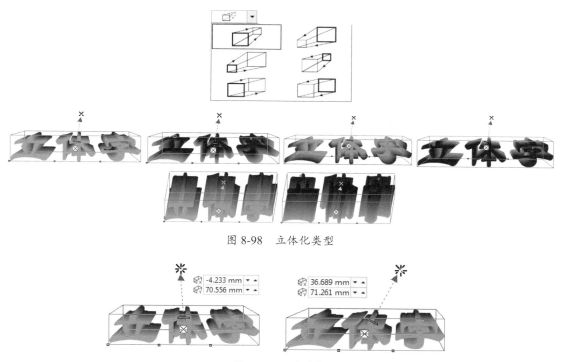

图 8-98　立体化类型

图 8-99　灭点坐标

● 灭点锁定到对象 （灭点属性）：在此下拉列表中设置了 4 种灭点的属性供用户选择，包括"灭点锁定到对象""灭点锁定到页面""复制灭点，自…""共享灭点"。

● （页面或对象灭点）：用于将灭点锁定相对于对象的中点，还是相对于页面的中心点。

● 深 20 ：（深度）：在此文本框中输入数值可以设置立体化的深度，数值范围是 1~99，数值越大，进深越深。

● （立体化旋转）：单击此按钮打开下拉面板，如图 8-100 所示。将鼠标指针移动到红色"3"上，当指针变为抓手形状时，按住鼠标左键拖动，即可调整立体对象的显示角度，如图 8-101 所示。

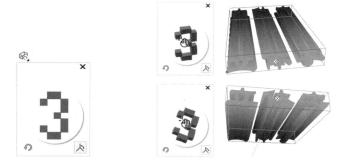

图 8-100　旋转下拉面板　　　　图 8-101　旋转角度

◆ ：单击此按钮，可以将旋转后的立体效果还原为旋转前。

◆ ：单击此按钮，可以弹出如图 8-102 所示的面板，在其中输入参数值可以调整立体化旋转方向。

● （立体化颜色）：单击此按钮，在下拉面板中可以设置立体化对象的颜色，如图 8-103 所示。

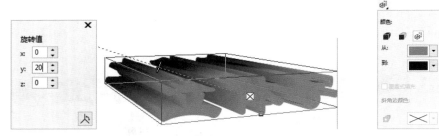

图 8-102　设置参数　　　　　　图 8-103　设置立体化颜色

◆ （使用对象填充）：按照当前对象的颜色进行立体化区域的颜色填充，如图 8-104 所示。

图 8-104　使用对象填充

◆ （使用纯色）：在颜色下拉列表中选择一种颜色作为立体化区域颜色，如图 8-105 所示。

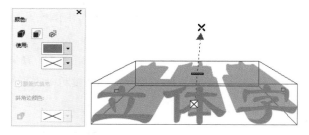

图 8-105　使用纯色

◆ （使用递减的颜色）：在颜色下拉列表中选择两种颜色，以渐变的颜色作为立体化区域颜色，如图 8-106 所示。

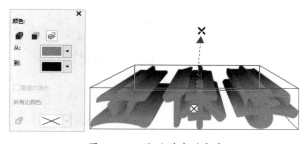

图 8-106　使用递减的颜色

◆ 覆盖式填充：用颜色覆盖立体化区域。此复选框只有在选择 ▣（使用对象填充）时才能激活。

◆ 斜角边颜色：对斜角边使用立体化颜色和斜角修饰边颜色，如图 8-107 所示。

● ▣（立体化倾斜）：可以设置立体化对象斜角修饰边的深度和角度，如图 8-108 所示。

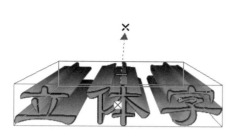

图 8-107 斜角边颜色

图 8-108 立体化倾斜

◆ 使用斜角修饰边：选中此复选框，可以激活"立体化倾斜"面板进行设置。

◆ 只显示斜角修饰边：选中此复选框，立体化效果会被隐藏，只显示斜角修饰边，如图 8-109 所示。

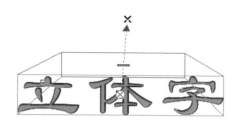

图 8-109 只显示斜角修饰边

◆ ⼆（斜角修饰边深度）：在文本框中输入数值，可以改变斜角修饰边深度，如图 8-110 所示。

图 8-110 斜角修饰边深度

◆ ⼄（斜角修饰边角度）：在文本框中输入数值，可以改变斜角修饰边角度，数值越大斜角越大，如图 8-111 所示。

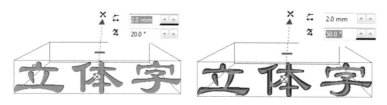

图 8-111 斜角修饰边角度

● ▣（立体化照明）：单击此按钮，可以在弹出的面板中为对象添加灯光，模拟灯光的效果，如图 8-112 所示。

◆ 光源：单击可以为立体化对象添加光源，最多可以添加 3 个光源，光源位置可以在预览区域移动，如图 8-113 所示。

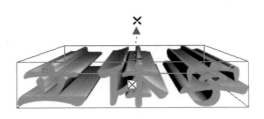

图 8-112　立体化照明　　　　　　图 8-113　添加光源效果

◆ 强度：拖动控制滑块可以控制光源的强弱，数值越大，光源越亮。

◆ 使用全色范围：控制全色范围的光源。

步骤08 在属性栏中设置立体化颜色，在弹出的面板中单击 （使用递减的颜色）按钮，设置"从"的颜色为淡灰色、"到"的颜色为深灰色，如图 8-114 所示。

步骤09 在齿轮上双击，调出三维旋转框，将图形进行旋转，效果如图 8-115 所示。

步骤10 在属性栏中单击 （立体化倾斜）按钮，在弹出的面板中选中"使用斜角修饰边"复选框，效果如图 8-116 所示。

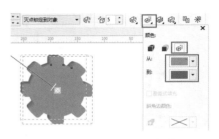

图 8-114　设置立体化颜色

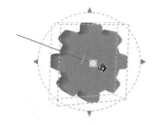
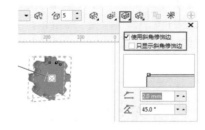

图 8-115　旋转齿轮　　　　　　图 8-116　倾斜齿轮

步骤11 在属性栏中单击 （立体化照明）按钮，在弹出的面板中为其添加 3 个光源，效果如图 8-117 所示。

步骤12 至此本例制作完成，最终效果如图 8-118 所示。

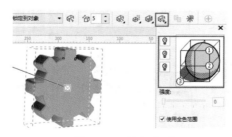

图 8-117　添加光源　　　　　　图 8-118　最终效果图

实例 63 块阴影工具制作长阴影图形

(实例思路)

　　（块阴影工具）和（阴影工具）不同，其可以将适量阴影应用到对象和阴影，块阴影由简单的线条构成，因此是屏幕打印和标牌制作的理想之选。本例使用（矩形工具）绘制矩形并为其填充渐变色，使用（块阴影工具）为矩形和文字添加块阴影，具体操作流程如图 8-119 所示。

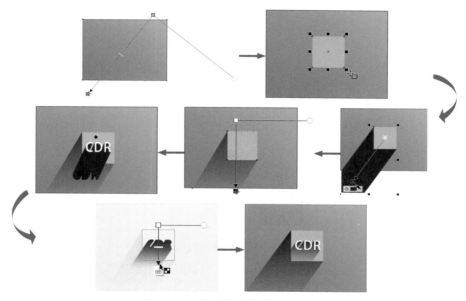

图 8-119　制作长阴影图形流程图

(实例要点)

▶▶ 新建文档
▶▶ 使用"矩形工具"绘制矩形
▶▶ 使用"块阴影工具"为对象添加块阴影
▶▶ 拆分块阴影
▶▶ 使用"透明度工具"为块阴影设置透明度
▶▶ 使用 PowerClip 命令

(操作步骤)

步骤01 执行菜单栏中的"文件 / 新建"命令或按 Ctrl+N 组合键，打开"创建新文档"对话框，在对话框中所有的参数都采用默认选项，设置完成后单击"确定"按钮，新建一个空白文档。

步骤02 使用（矩形工具）绘制一个矩形，再使用（交互式填充工具）在矩形上拖动为其填充渐变色，去掉轮廓，如图 8-120 所示。

步骤03 使用（矩形工具）在矩形上绘制一个正方形，将其填充为酒绿色（C:40、M:0、Y:100、K:0），去掉轮廓，效果如图 8-121 所示。

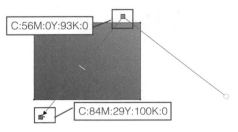

图 8-120　绘制并编辑矩形

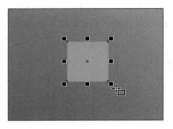

图 8-121　绘制并编辑正方形

步骤 04 使用 ✎（块阴影工具）在正方形上向左下角处拖动，为其添加块阴影，效果如图 8-122 所示。

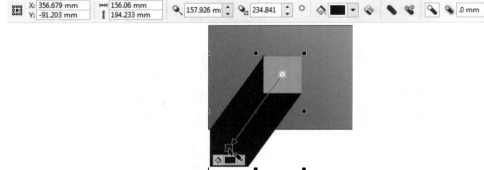

图 8-122　添加块阴影

其中的各项含义如下（之前讲解过的功能将不再讲解）。

● ✎（深度）：用来调整块阴影的深度。

● ✎（方向）：用来设置块阴影的角度，如图 8-123 所示。

● ◇■▾（块阴影颜色）：用来设置块阴影的颜色。

● ✎（简化）：用来修剪对象与块阴影之间重合的区域，如图 8-124 所示。

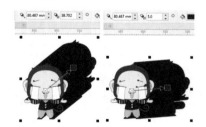

图 8-123　块阴影角度

图 8-124　简化效果

● ✎（移除孔洞）：将块阴影设置为不带孔的实线曲线对象。

● ✎（从对象轮廓生成）：为对象创建块阴影时包括对象的轮廓。

● ✎（延展块阴影）：以指定量增加块阴影尺寸，如图 8-125 所示。

图 8-125　延展块阴影

步骤⑤ 按 Ctrl+K 组合键拆分块阴影，使用🟦（透明度工具）在块阴影上从上到下拖动为其添加渐变透明度，效果如图 8-126 所示。

步骤⑥ 使用**字**（文本工具）在正方形上输入白色文字，如图 8-127 所示。

图 8-126　设置透明度　　　　　　　图 8-127　输入文字

步骤⑦ 使用🔲（块阴影工具）在文字上向左下角处拖动，为其添加块阴影，效果如图 8-128 所示。

步骤⑧ 按 Ctrl+K 组合键拆分块阴影，选择块阴影，执行菜单栏中的"对象 /PowerClip/ 置于图文框内部"命令，用鼠标箭头在矩形上单击，把块阴影放置到矩形内，效果如图 8-129 所示。

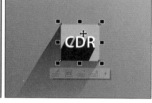

图 8-128　添加块阴影　　　　　　　图 8-129　把块阴影置于图文框内部

步骤⑨ 执行菜单栏中的"对象 /PowerClip/ 编辑 PowerClip"命令，进入编辑状态，使用🟦（透明度工具）在块阴影上从上到下拖动为其添加渐变透明度，效果如图 8-130 所示。

步骤⑩ 调整完成，执行菜单栏中的"对象 /PowerClip/ 完成编辑 PowerClip"命令完成编辑。至此本例制作完成，最终效果如图 8-131 所示。

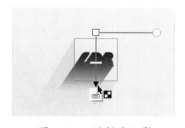

图 8-130　编辑块阴影　　　　　　　图 8-131　最终效果图

实例 64　变形工具制作传媒图标

（实例思路） --

　　使用工具箱中的🔲（变形工具）可以将对象不规则地改变外观，让变形操作更方便快捷。本例使用🔲（椭圆工具）绘制正圆，使用🔲（推拉变形）和🔁（扭曲变形）为图形进行变形处理，再通过"移除前面对象"命令和"相交"命令编辑图形，具体操作流程如图 8-132 所示。

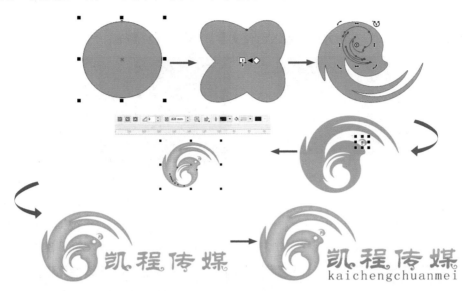

图 8-132　制作传媒图标流程图

实例要点

▶ 新建文档
▶ 使用"椭圆工具"绘制椭圆
▶ 通过"推拉变形"功能调整图形

▶ 使用"扭曲变形"功能调整图形
▶ 使用"移除前面对象"命令编辑图形
▶ 使用"相交"命令编辑图形

操作步骤

步骤01 执行菜单栏中的"文件/新建"命令或按 Ctrl+N 组合键，打开"创建新文档"对话框，在对话框中所有的参数都采用默认选项，设置完成后单击"确定"按钮，新建一个空白文档。

步骤02 使用 ◯（椭圆工具）在页面中绘制一个正圆，将其填充为橘色，如图 8-133 所示。

步骤03 选择 ◻（变形工具），在属性栏中单击 ⊕（推拉变形）按钮，从右侧向中心位置拖动，为其创建推拉变形效果，再单击 ⊕（居中变形）按钮，此时会将变形调整到中心，效果如图 8-134 所示。

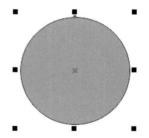

图 8-133　绘制正圆

其中的各项含义如下（之前讲解过的功能将不再讲解）。

● ⊕（推拉变形）：单击此按钮，按住鼠标在选中的对象上拖动，可以为选中的对象添加推拉变形效果。

● ✿（拉链变形）：单击此按钮，按住鼠标在选中的对象上拖动，可以为选中的对象添加拉链变形效果。

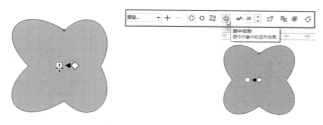

图 8-134　推拉变形效果

- ⊠（扭曲变形）：单击此按钮，按住鼠标在选中的对象上拖动，可以为选中的对象添加扭曲变形效果。
- ⊕（居中变形）：将对象进行变形后，该按钮才可用。单击此按钮，从对象的中间进行变形。
- ⋏ 72（推拉振幅）：通过设置数值可以控制对象的变形效果。
- ⊡（添加新的变形）：为已经变形的对象添加变形效果。

步骤 04 在属性栏中单击 ⊠（扭曲变形）按钮，使用鼠标在图形上进行旋转，效果如图 8-135 所示。

图 8-135　扭曲变形效果

其中的各项含义如下（之前讲解过的功能将不再讲解）。

- ↻（顺时针旋转）：激活此选项可以将扭曲变形进行顺时针方向旋转变形。
- ↺（逆时针旋转）：激活此选项可以将扭曲变形进行逆时针方向旋转变形。
- ○0（完整旋转）：用数值直接控制旋转扭曲变形的圈数。
- ↗0（附加度数）：用数值直接控制超出完全旋转的度数。

步骤 05 复制一个副本，将其缩小后并进行旋转，如图 8-136 所示。

步骤 06 框选两个图形，执行菜单栏中的"对象 / 造型 / 移除前面对象"命令，去掉轮廓，效果如图 8-137 所示。

图 8-136　复制并缩小副本　　　　图 8-137　移除前面的对象效果

步骤 07 单击属性栏中的 ⊠（垂直镜像）按钮，将图形垂直翻转，复制一个副本将其缩小，单击属性栏中的 ⊞（水平镜像）按钮，再调整位置和大小，效果如图 8-138 所示。

步骤 08 使用 ○（椭圆工具）绘制一个正圆，将其和后面的图形一同选取，执行菜单栏中的"对象／造型／移除前面对象"命令，效果如图 8-139 所示。

图 8-138　复制并编辑图形　　　　图 8-139　绘制并编辑图形

步骤09 下面为图形添加立体效果。使用 ▣（轮廓图工具）从边缘向中心拖动为其添加轮廓图，效果如图 8-140 所示。

步骤10 使用 字（文本工具）输入橘色文字，效果如图 8-141 所示。

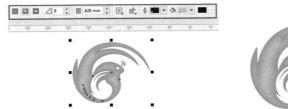

图 8-140　添加轮廓图　　　　　　图 8-141　输入文字

步骤11 按 Ctrl+Q 组合键将文字转换成曲线，使用 ◉（转动工具）为文字图形创建扭曲转动效果，如图 8-142 所示。

图 8-142　创建扭曲转动效果

步骤12 使用 ▢（矩形工具）在文字下半部分绘制一个矩形，将其与文字图形一同选取，执行菜单栏中的"对象／造型／相交"命令，将相交区域填充为灰色，效果如图 8-143 所示。

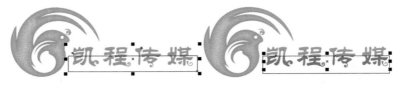

图 8-143　相交并填充图形

步骤13 删除矩形，使用 字（文本工具）输入拼音。至此本例制作完成，最终效果如图 8-144 所示。

图 8-144　最终效果图

> 技巧：选择⊡（变形工具）后，在属性栏中单击⬚（拉链变形）按钮，会将属性栏变为"拉链变形"对应的选项设置，如图 8-145 所示。
>
> 预设... ▾ ＋ － ⊕ ⊙ ⩬ ⊕ ⋀ 0 ⬍ ⌣ 0 ⬍ ⬚ ⬚ ⬚ ⌑ ⬚ ⬚ ⭕ ⊕
>
> 图 8-145 "拉链变形"属性栏

其中的各项含义如下（之前讲解过的功能将不再讲解）。

- ⋀ 0 ⬍（拉链振幅）：用于设置拉链变形中锯齿的高度。
- ⌣ 0 ⬍（拉链频率）：用于设置拉链变形中锯齿的数量。
- ⬚（随机变形）：激活该按钮，可以将拉链变形效果按系统默认方式随机变形。
- ⬚（平滑变形）：激活该按钮，可以将拉链变形节点变得平滑。
- ⬚（局限变形）：激活该按钮，可以将拉链变形降低变形效果。

实例 65　新建路径制作弹簧文字

（实例思路）

使用⬚（调和工具）中的"新建路径"命令，可以为创建的调和选择一个新的路径。本例使用⬚（椭圆工具）绘制一个椭圆并将其轮廓转换成对象，填充渐变色后再通过⬚（调和工具）创建调和，之后将其放置到新路径上，并设置沿全路径调和，具体操作流程如图 8-146 所示。

图 8-146 制作弹簧文字流程图

实例要点 --

▶ 新建文档   ▶ 使用"调和工具"创建调和

▶ 使用"椭圆工具"绘制椭圆   ▶ 应用"新建路径"命令改变调和路径

▶ 将椭圆转换成对象   ▶ 设置"沿全路径调和"

▶ 使用"交互式填充工具"为对象填充渐变色

操作步骤 --

步骤 01 执行菜单栏中的"文件 / 新建"命令或按 Ctrl+N 组合键,打开"创建新文档"对话框,
在对话框中所有的参数都采用默认选项,设置完
成后单击"确定"按钮,新建一个空白文档。

步骤 02 使用 ○(椭圆工具)在页面中绘制一个椭
圆,按 Ctrl+Shift+Q 组合键将其转换成对象,如
图 8-147 所示。

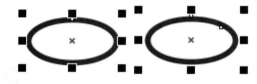

图 8-147　绘制椭圆

步骤 03 使用 ◇(交互式填充工具)为对象填充渐变色,效果如图 8-148 所示。

步骤 04 向上复制一个副本,使用 ◇(调和工具)为两个对象创建调和,效果如图 8-149 所示。

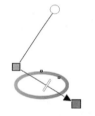

图 8-148　填充渐变色

图 8-149　创建调和效果

步骤 05 使用 字(文本工具)输入文字,将填充设置为"无",轮廓色设置为黑色,如图 8-150 所示。

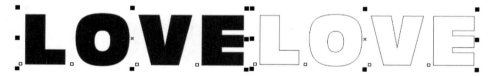

图 8-150　输入文字

步骤 06 使用 ◇(调和工具)选择调和对象,在属性栏中单击 ⌐(路径属性)按钮,在弹出的
菜单中选择"新建路径"命令,此时鼠标指针变为一个箭头形状,使用此箭头在文字轮廓上单
击,将调和对象放置到文字轮廓上,效果如图 8-151 所示。

图 8-151　新建路径调和图形

步骤⑦ 单击属性栏中的 （更多调和选项）按钮，在弹出的菜单中选择"沿全路径调和"命令，效果如图 8-152 所示。

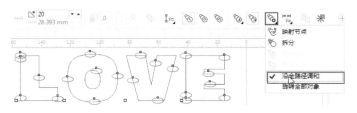

图 8-152　沿全路径调和

步骤⑧ 在属性栏中设置"步长值"为 350，效果如图 8-153 所示。

步骤⑨ 至此本例制作完成，最终效果如图 8-154 所示。

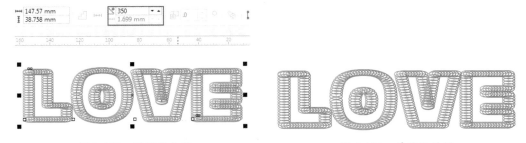

图 8-153　设置步长值　　　　　　　　　　图 8-154　最终效果图

实例 66　添加透视点制作凉棚

（实例思路） -

　　CorelDRAW 2018 中的透视点命令可以为对象创建透视点效果，将对象制作出具有三维空间距离和深度的视觉透视效果。本例使用 □（矩形工具）绘制矩形并设置圆角值，通过"合并"命令将图形变为一个新的对象，再为其应用"添加透视点"命令，具体操作流程如图 8-155 所示。

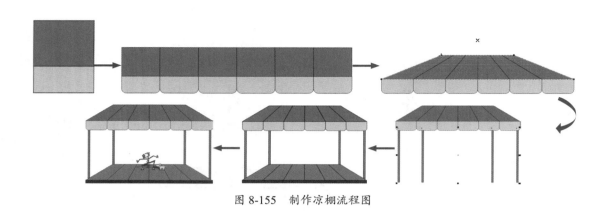

图 8-155   制作凉棚流程图

(**实例要点**) -

▶ 新建文档

▶ 使用"矩形工具"绘制矩形

▶ 设置矩形的圆角值

▶ 应用"合并"命令

▶ 应用"添加透视点"命令

▶ 使用"艺术笔"泊坞窗绘制艺术笔

▶ 使用"阴影工具"添加阴影

(**操作步骤**) -

步骤01 执行菜单栏中的"文件/新建"命令或按 Ctrl+N 组合键,打开"创建新文档"对话框,在对话框中所有的参数都采用默认选项,设置完成后单击"确定"按钮,新建一个空白文档。

步骤02 使用 □(矩形工具)在页面中绘制红色和粉色两个矩形,设置粉色矩形底部的两个圆角值为 5mm,效果如图 8-156 所示。

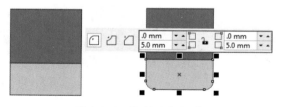

图 8-156   绘制两个矩形

步骤03 向右复制 5 个副本,效果如图 8-157 所示。

步骤04 选择所有的红色矩形,执行菜单栏中的"对象/合并"命令,效果如图 8-158 所示。

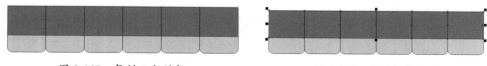

图 8-157   复制 5 个副本   图 8-158   合并红色矩形

步骤05 执行菜单栏中的"效果/添加透视点"命令,为矩形添加透视点,拖动控制点调整透视效果,如图 8-159 所示。

> **技巧：** 多个对象是不能够添加透视点的，只有将其合并为一个对象后才能应用"添加
> 透视点"命令。

步骤06 使用▢（矩形工具）在页面中绘制 4 个灰色矩形，选取 4 个矩形后，按 Ctrl+End 组合键将其调整到最后层，效果如图 8-160 所示。

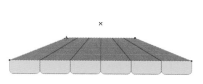

图 8-159　创建透视效果

图 8-160　绘制并调整矩形顺序

步骤07 选择添加透视点的矩形，复制一个副本，将其向下移动并填充为深褐色，效果如图 8-161 所示。

步骤08 使用▢（矩形工具）绘制一个深灰色的矩形，效果如图 8-162 所示。

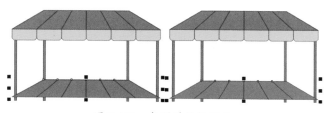

图 8-161　复制并编辑副本

步骤09 执行菜单栏中的"效果 / 艺术笔"命令，打开"艺术笔"泊坞窗，选择其中的一个人物画笔，在页面中拖动鼠标涂抹绘制人物，效果如图 8-163 所示。

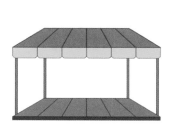

图 8-162　绘制矩形

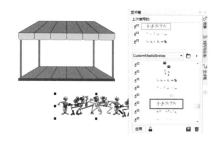

图 8-163　绘制人物画笔

步骤10 执行菜单栏中的"对象 / 拆分艺术笔组"命令或按 Ctrl+K 组合键，在绘制的人物画笔中删除路径，效果如图 8-164 所示。

图 8-164　拆分并删除路径

步骤11 执行菜单栏中的"对象 / 组合 / 取消组合对象"命令或按 Ctrl+U 组合键，选择其中的一个人物，将其拖曳到凉棚中，删除其他人物画笔，效果如图 8-165 所示。

步骤12 使用▢（阴影工具）为人物画笔添加阴影，效果如图 8-166 所示。

步骤⑬ 使用同样的方法，再绘制一个小动物画笔并为其添加阴影。至此本例制作完成，最终效果如图 8-167 所示。

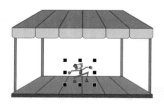 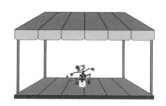 

图 8-165　为凉棚添加人物　　　图 8-166　给人物添加阴影　　　图 8-167　最终效果图

 ## 实例 67　使用"斜角"泊坞窗制作五角星

实例思路

斜角可以通过增加元素边缘倾斜程度，达到不同的浮雕视觉效果，斜角修饰边可以随时移除，需要注意的是，这种效果只能应用到矢量对象和美术字，并不能应用到位图上。本例使用 ☆（星形工具）绘制五角星，通过"斜角"命令，为五角星添加立体效果，具体操作流程如图 8-168 所示。

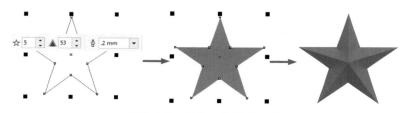

图 8-168　制作五角星流程图

实例要点

▶ 新建文档

▶ 使用"星形工具"绘制五角星

▶ 应用"斜角"泊坞窗

操作步骤

步骤①1 执行菜单栏中的"文件／新建"命令或按 Ctrl+N 组合键，打开"创建新文档"对话框，在对话框中所有的参数都采用默认选项，设置完成后单击"确定"按钮，新建一个空白文档。

步骤①2 使用 ☆（星形工具）在页面中绘制一个五角星，效果如图 8-169 所示。

步骤①3 将五角星填充为红色，去掉五角星的轮廓，效果如图 8-170 所示。

步骤①4 执行菜单栏中的"效果／斜角"命令，打开"斜角"泊坞窗，参数设置如图 8-171 所示。

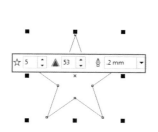

图 8-169　绘制五角星

图 8-170　填充红色

图 8-171　"斜角"泊坞窗

其中的各项含义如下（之前讲解过的功能将不再讲解）。

● **样式**：在下拉列表中包含"柔和边缘"和"浮雕"两个效果。"柔和边缘"可以创建某些区域显示为隐隐的斜面效果；"浮雕"可以使对象有浮雕效果，如图 8-172 所示。

● **斜角偏移**：通过指定斜面的宽度来控制斜角效果的强度。"到中心"可以设置直接从边缘到中心点斜角；"距离"可以通过数值控制斜角，如图 8-173 所示。

图 8-172　柔和边缘与浮雕效果

图 8-173　斜角偏移

● **阴影颜色**：通过指定阴影颜色来更改阴影斜面的颜色，如图 8-174 所示。

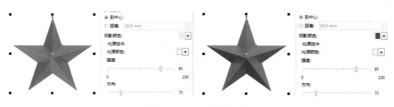

图 8-174　阴影颜色

● **光源控件**：带斜角效果的对象看上去像被白色自然（环绕）光和聚光灯照亮。自然光强度不高而且不能改变；聚光灯默认也为白色，但是可以更改其颜色、强度和位置。更改聚光灯颜色影响斜面的颜色，更改聚光灯的强度会使斜面变亮或变暗，更改聚光灯的位置能确定哪个斜面看起来像被照亮。通过指定聚光灯的方向和高度，可以更改聚光灯的位置，方向确定光源在对象平面上的位置（例如，对象的左侧或右侧），高度确定聚光灯相对于对象平面的高度。例如，您可以将聚光灯放置在对象的水平方向（高度为 0°）或对象的正上方（高度为 90°），如图 8-175 所示。

步骤05 设置完成后单击"应用"按钮。至此本例制作完成，最终效果如图 8-176 所示。

图 8-175　光源控件

图 8-176　最终效果图

本章练习与习题

练习

1. 绘制两个曲线线条，使用"调和工具"为曲线创建调和。

2. 为绘制的正圆添加向内和向外的轮廓图。

习题

1. 编辑 3D 文字时，（　　　）能够在三维空间内旋转 3D 文字的角度控制框。

　　A. 利用"选择工具"单击 3D 文字

　　B. 利用"交互立体工具"单击 3D 文字

　　C. 利用"交互立体工具"双击 3D 文字

　　D. 利用"交互立体工具"先选中 3D 文字，然后再单击

2. 如下图所示，对象 A 应用了交互式变形效果，如果对象 B 也想复制 A 的变形属性，该操作是（　　　）。

　　A. 同时选择对象 A 和对象 B，然后单击属性栏中的"复制变形属性"按钮

　　B. 先选择对象 A，再选择对象 B，最后单击属性栏中的"复制变形属性"按钮

　　C. 先选择对象 B，再选择对象 A，最后单击属性栏中的"复制变形属性"按钮

　　D. 先选择对象 B，再单击属性栏中的"复制变形属性"按钮，最后选择对象 A

A　　　　　　　B

3. 在使用 ⬚（调和工具）制作调和对象时，两个相调和的对象间最多允许有（　　　）个中间过渡对象。

　　A. 1000　　　　　　　B. 999　　　　　　　C. 99　　　　　　　D. 100

第 9 章

位 图 操 作

我们在绘图的过程中，无论是进行商品包装设计、图像的后期制作，还是广告设计，以及版面的排列，都离不开位图。CorelDRAW 2018 对于位图的处理同样拥有十分强大的功能。不仅可以编辑位图，还可以为位图增加很多特殊的滤镜效果，从而制作出精美的作品。

本章内容

▶ 图像调整实验室改变图像的色调
▶ 通过滤镜为图像制作倒影效果
▶ 凸凹贴图制作浮雕效果
▶ 通过渐变透明度制作两个位图之间的合成效果
▶ 描摹位图与转换为位图制作剪贴画效果
▶ 通过滤镜制作卷页老照片效果

实例 68　通过"图像调整实验室"命令改变图像的色调

（实例思路）

在 CorelDRAW 中使用图像调整实验室可以快速、轻松地校正大多数相片的颜色和色调，使您的图片达到理想的效果。本例通过导入素材后，为其应用"图像调整实验室"命令来改变图片的色调，使用 ▪ （裁剪工具）对图像进行裁剪，再使用 ▢ （矩形工具）绘制矩形并添加阴影，具体操作流程如图 9-1 所示。

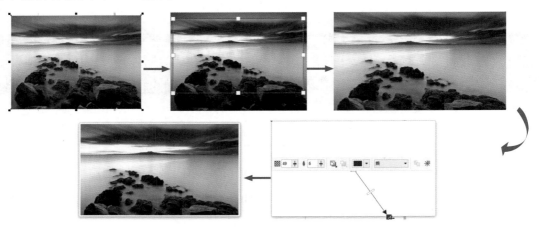

图 9-1　改变图像的色调流程图

（实例要点）

▶▶ 新建文档

▶▶ 使用"导入"命令导入素材

▶▶ 使用"图像调整实验室"命令调整图像色调

▶▶ 使用"裁剪工具"裁剪图像

▶▶ 使用"矩形工具"绘制矩形

▶▶ 使用"阴影工具"添加阴影

▶▶ 调整图形顺序

（操作步骤）

步骤 01 执行菜单栏中的"文件 / 新建"命令或按 Ctrl+N 组合键，打开"创建新文档"对话框，在对话框中所有的参数都采用默认选项，设置完成后单击"确定"按钮，新建一个空白文档。

步骤 02 执行菜单栏中的"文件 / 导入"命令，导入随书附带的"素材 \ 第 9 章 \ 风景 .bmp"文件，如图 9-2 所示。

步骤 03 执行菜单栏中的"位图 / 图像调整实验室"命令，打开"图像调整实验室"对话框，其中的参数设置如图 9-3 所示。

步骤 04 设置完成后单击"确定"按钮，效果如图 9-4 所示。

步骤05 使用 ⬜（裁剪工具）在素材上创建一个裁剪框，如图 9-5 所示。

图 9-2 导入素材

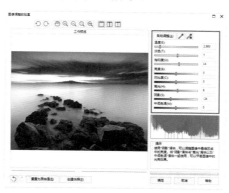

图 9-3 "图像调整实验室"对话框

图 9-4 应用图像调整实验室后的效果

图 9-5 创建裁剪框

步骤06 按 Enter 键完成对位图的裁剪，效果如图 9-6 所示。

步骤07 使用 ⬜（矩形工具）绘制一个白色矩形并将轮廓设置为灰色，效果如图 9-7 所示。

图 9-6 裁剪后的效果

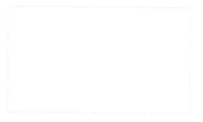

图 9-7 绘制矩形

步骤08 使用 ⬜（阴影工具）在矩形上拖动添加黑色阴影，设置"阴影的不透明度"为 49、"阴影羽化"为 6，效果如图 9-8 所示。

步骤09 将调整后的位图移动到白色矩形上，按 Ctrl+PgUp 组合键调整顺序。至此本例制作完成，最终效果如图 9-9 所示。

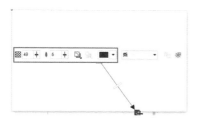

图 9-8 给矩形添加阴影

图 9-9 最终效果图

实例 69　通过滤镜为图像制作倒影效果

实例思路

通过设置软件中的滤镜，可以为导入的位图制作非常绚丽的特效。本例导入素材后，通过 ◥（刻刀工具）分割位图，复制剩余区域将其垂直翻转，再为其应用"茶色玻璃""锯齿状模糊"和"风吹效果"滤镜，具体操作流程如图 9-10 所示。

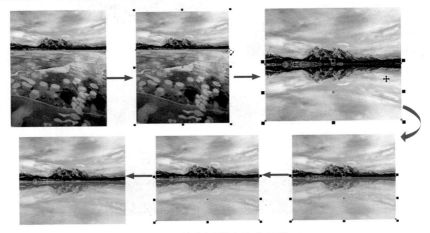

图 9-10　制作倒影效果流程图

实例要点

▶ 新建文档

▶ 使用"导入"命令导入素材

▶ 应用"刻刀工具"分割素材

▶ 复制并垂直翻转图形

▶ 应用"茶色玻璃"滤镜

▶ 应用"锯齿状模糊"滤镜

▶ 应用"风吹效果"滤镜

操作步骤

步骤 01　执行菜单栏中的"文件/新建"命令或按 Ctrl+N 组合键，打开"创建新文档"对话框，在对话框中所有的参数都采用默认选项，设置完成后单击"确定"按钮，新建一个空白文档。

步骤 02　执行菜单栏中的"文件/导入"命令，导入随书附带的"素材\第 9 章\风景 02.jpg"文件，如图 9-11 所示。

步骤 03　使用 ◥（刻刀工具）在素材上从左向右拖动创建一条刻刀线，如图 9-12 所示。

步骤 04　选择下半部分按 Delete 键将其删除，复制上半部分，单击 ⬓（垂直镜像）按钮将其翻转，向下移动，效果如图 9-13 所示。

步骤 05　执行菜单栏中的"位图/创造性/茶色玻璃"命令，打开"茶色玻璃"对话框，其中的参数设置如图 9-14 所示。

步骤 06 设置完成后单击"确定"按钮，效果如图 9-15 所示。

步骤 07 执行菜单栏中的"位图 / 模糊 / 锯齿状模糊"命令，打开"锯齿状模糊"对话框，其中的参数设置如图 9-16 所示。

图 9-11　导入素材

图 9-12　绘制刻刀线

图 9-13　镜像后的效果

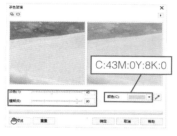

图 9-14　"茶色玻璃"对话框

图 9-15　应用"茶色玻璃"效果

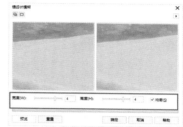

图 9-16　"锯齿状模糊"对话框

步骤 08 设置完成后单击"确定"按钮，效果如图 9-17 所示。

步骤 09 执行菜单栏中的"位图 / 扭曲 / 风吹效果"命令，打开"风吹效果"对话框，其中的参数设置如图 9-18 所示。

步骤 10 设置完成后单击"确定"按钮。至此本例制作完成，最终效果如图 9-19 所示。

图 9-17　应用"锯齿状模糊"效果

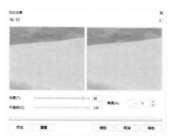

图 9-18　"风吹效果"对话框

图 9-19　最终效果图

实例 70　通过"凹凸贴图"命令制作浮雕效果

实例思路

"凹凸贴图"命令可以将图片制作出浮雕效果。本例通过导入素材，应用"凹凸贴图"命令来制作浮雕效果，具体操作流程如图 9-20 所示。

图 9-20　制作浮雕效果流程图

实例要点

▶ 新建文档

▶ 使用"导入"命令导入素材

▶ 通过"凹凸贴图"命令制作浮雕效果

操作步骤

步骤 01 执行菜单栏中的"文件/新建"命令或按 Ctrl+N 组合键，打开"创建新文档"对话框，在对话框中所有的参数都采用默认选项，设置完成后单击"确定"按钮，新建一个空白文档。

步骤 02 执行菜单栏中的"文件/导入"命令，导入随书附带的"素材\第 9 章\风景 03.jpg"文件，如图 9-21 所示。

步骤 03 执行菜单栏中的"位图/自定义/凹凸贴图"命令，打开"凹凸贴图"对话框。其中的参数设置如图 9-22 所示。

图 9-21　导入素材

图 9-22　"凹凸贴图"对话框

步骤 04 设置完成后单击"确定"按钮，最终效果如图 9-23 所示。

图 9-23　最终效果图

实例 71　通过渐变透明度制作两个位图之间的合成效果

（实例思路） --

　　▨（透明度工具）不但可以为绘制的矢量图设置透明效果，还可以为导入的位图设置透明度。本例通过导入素材，应用"颜色平衡"命令调整素材色调，再通过▨（透明度工具）为位图设置矩形渐变透明度，具体操作流程如图 9-24 所示。

图 9-24　制作两个位图之间的合成效果流程图

（实例要点） --

　　▶▶ 新建文档　　　　　　　　　　　　　　▶▶ 通过"颜色平衡"命令调整位图色调
　　▶▶ 使用"导入"命令导入素材　　　　　　　▶▶ 通过"透明度工具"设置矩形渐变透明度

（操作步骤） --

步骤01　执行菜单栏中的"文件 / 新建"命令或按 Ctrl+N 组合键，打开"创建新文档"对话框，在对话框中所有的参数都采用默认选项，设置完成后单击"确定"按钮，新建一个空白文档。

步骤02　执行菜单栏中的"文件 / 导入"命令，导入随书附带的"素材 \ 第 9 章 \ 恐龙 .jpg 和发光 .jpg"文件，如图 9-25 所示。

图 9-25　导入素材

步骤 03 选择"发光"素材，执行菜单栏中的"效果 / 调整 / 颜色平衡"命令，打开"颜色平衡"对话框，其中的参数设置如图 9-26 所示。

步骤 04 设置完成后单击"确定"按钮，效果如图 9-27 所示。

步骤 05 将"发光"素材移动到"恐龙"素材上面，并且将其缩小，效果如图 9-28 所示。

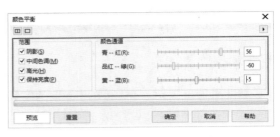

图 9-26　"颜色平衡"对话框

图 9-27　颜色平衡后效果　　　图 9-28　移动并缩小素材

步骤 06 使用 ▨（透明度工具）在"发光"素材上拖动，为其添加渐变透明，如图 9-29 所示。

步骤 07 在属性栏中单击 ▨（矩形渐变透明度）按钮，效果如图 9-30 所示。

图 9-29　为素材添加渐变透明　　　图 9-30　应用矩形渐变透明效果

步骤 08 拖动控制点调整渐变位置，效果如图 9-31 所示。

步骤 09 将中心颜色设置为白色，外框颜色设置为黑色，缩小透明框，效果如图 9-32 所示。

图 9-31　调整渐变位置　　　图 9-32　调整渐变效果

步骤 10 至此本例制作完成，最终效果如图 9-33 所示。

图 9-33　最终效果图

实例 72　描摹位图与转换为位图制作剪贴画效果

（实例思路） -

在 CorelDRAW 2018 版本中，将位图转换为矢量图后，对象就可以应用矢量图的所有操作。执行菜单栏中的"位图"命令，在弹出的子菜单中有三个选项可以将位图转换为矢量图，其中包含"快速描摹""中心线描摹"和"轮廓描摹"。本例通过导入素材，应用"轮廓描摹 /高质量图像"命令，将素材转换成矢量图，再将其应用"转换为位图"命令转换成位图，使用▦（透明度工具）调整透明度，具体操作流程如图 9-34 所示。

图 9-34　制作剪贴画效果流程图

（实例要点） -

▶▶ 新建文档　　　　　　　　　　　　▶▶ 应用"转换为位图"命令

▶▶ 使用"导入"命令导入素材　　　　　▶▶ 使用"透明度工具"设置透明

▶▶ 通过"轮廓描摹"命令打开 PowerTRACE 对话框

（操作步骤） -

步骤01 执行菜单栏中的"文件 / 新建"命令或按 Ctrl+N 组合键，打开"创建新文档"对话框，在对话框中所有的参数都采用默认选项，单击"确定"按钮，新建一个空白文档。

步骤02 执行菜单栏中的"文件 / 导入"命令，导入随书附带的"素材 \ 第 9 章 \ 美女 .jpg"文件，如图 9-35所示。

步骤03 选择"美女"素材，在属性栏中单击"描摹位图"按钮，在弹出的下拉菜单中选择"轮廓描摹 / 高质量图像"命令，如图 9-36 所示。

图 9-35　导入素材

图 9-36　选择命令

步骤 04 选择"高质量图像"命令，系统打开 PowerTRACE 对话框，其中的参数设置如图 9-37 所示。

步骤 05 设置完成后单击"确定"按钮，效果如图 9-38 所示。

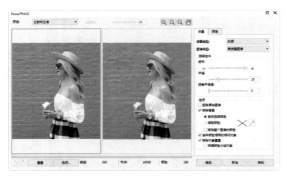 

图 9-37　PowerTRACE 对话框　　　　　图 9-38　转换成高质量图像

提示：为了最后的效果，将位图转换成高质量图像时，最
好保留原图，如果不保留，结果会出现非常多的线
条，如图 9-39 所示。

图 9-39　删除原图后的效果

步骤 06 为了让质感更加强烈一点，选择转换的矢量图，执行菜单栏中的"位图 / 转换为位图"
命令，打开"转换为位图"对话框，其中的参数设置如图 9-40 所示。

步骤 07 设置完成后单击"确定"按钮，将矢量图再转换成位图，效果如图 9-41 所示。

图 9-40　"转换为位图"对话框　　　　图 9-41　转换成位图

技巧：将矢量图转换成位图的目的是使用▨（透明度工具）设置透明，因为个数太多
的矢量图是不能一起应用▨（透明度工具）的。

步骤 08 使用▨（透明度工具）设置前面的图像透明度为 30。至此本例制作完成，最终效果如
图 9-42 所示。

图 9-42　最终效果图

实例 73　通过滤镜制作卷页老照片效果

（实例思路）

通过设置软件中的滤镜，可以为导入的位图制作非常绚丽的特效。本例通过导入素材，使用▢（矩形工具）绘制矩形边框，再将矩形和素材一同转换成位图，然后应用"添加杂点""着色"和"卷页"滤镜效果，将图像制作成老照片效果，具体操作流程如图 9-43 所示。

图 9-43　制作卷页老照片效果流程图

（实例要点）

▶▶ 新建文档

▶▶ 使用"导入"命令导入素材

▶▶ 使用"矩形工具"绘制矩形并调整顺序

▶▶ 应用"转换为位图"命令

▶▶ 使用"添加杂点"命令

▶▶ 使用"着色"命令

▶▶ 使用"卷页"命令

（操作步骤）

步骤**01** 执行菜单栏中的"文件 / 新建"命令或按 Ctrl+N 组合键，打开"创建新文档"对话框，在对话框中所有的参数都采用默认选项，单击"确定"按钮，新建一个空白文档。

步骤 02 执行菜单栏中的"文件 / 导入"命令，导入随书附带的"素材 \ 第 9 章 \ 美女 02.jpg"文件，如图 9-44 所示。

步骤 03 使用 □（矩形工具）在素材前面绘制一个比素材稍大一点的矩形，按 Ctrl+End 组合键将其调整到最后一层，效果如图 9-45 所示。

步骤 04 去掉轮廓并框选所有对象，执行菜单栏中的"位图 / 转换为位图"命令，打开"转换为位图"对话框，其中的参数设置如图 9-46 所示。

图 9-44　导入素材　　　　　　　图 9-45　绘制矩形　　　　　　图 9-46　"转换为位图"对话框

步骤 05 设置完成后单击"确定"按钮，效果如图 9-47 所示。

步骤 06 执行菜单栏中的"位图 / 杂点 / 添加杂点"命令，打开"添加杂点"对话框，其中的参数设置如图 9-48 所示。

步骤 07 设置完成后单击"确定"按钮，效果如图 9-49 所示。

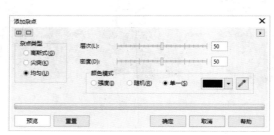

图 9-47　转换成位图效果　　　　图 9-48　"添加杂点"对话框　　　图 9-49　添加杂点效果

步骤 08 执行菜单栏中的"位图 / 相机 / 着色"命令，打开"着色"对话框，其中的参数设置如图 9-50 所示。

步骤 09 设置完成后单击"确定"按钮，效果如图 9-51 所示。

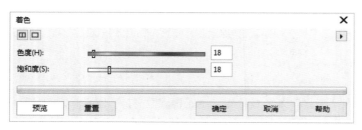

图 9-50　"着色"对话框　　　　　　　　　　图 9-51　着色后效果

步骤⑩ 执行菜单栏中的"位图 / 三维效果 / 卷页"命令，打开"卷页"对话框，其中的参数设置如图 9-52 所示。

步骤⑪ 设置完成后单击"确定"按钮。至此本例制作完成，最终效果如图 9-53 所示。

图 9-52 "卷页"对话框　　　　图 9-53 最终效果图

本章练习与习题

练习

1. 将绘制的矢量图转换成位图。

2. 将导入的位图转换成矢量图。

3. 为导入的位图应用效果。

习题

1. 在 CorelDRAW 2018 中想要将绘制的矢量图应用"高斯模糊"命令，必须先执行（　　　）命令。

　　A. 自动调整　　　　B. 转换为位图　　　　C. 位图颜色遮罩　　　　D. 混合

2. ▓（透明度工具）不但可以为绘制的矢量图设置渐变透明，还可以为导入的位图设置渐变透明度，（　　　）选项不属于该工具的渐变透明类型。

　　A. 线性渐变透明度　　　　　　　　　B. 椭圆形渐变透明度

　　C. 矩形渐变透明度　　　　　　　　　D. 向量图样透明度

3. 在 CorelDRAW 2018 中可以通过"描摹位图"命令将导入的位图转换成矢量图，不属于该命令的是（　　　）选项。

　　A. 快速描摹　　　　B. 中心线描摹　　　　C. 轮廓描摹　　　　D. 位图边框扩充

10

第 10 章

特效文字的制作

通过对前面章节的学习，大家已经对 CorelDRAW 软件绘制与编辑图形的强大功能有了初步了解，下面通过 CorelDRAW 软件对文字部分进行编辑与应用的制作，使大家了解平面设计中文字的魅力。

本章内容

▶ 金属拼合字   ▶ 线条炫彩字

▶ 特效石头字   ▶ 雪覆盖文字

▶ 重组排列字   ▶ 图形创建创意字

实例 74 金属拼合字

实例思路

在 CorelDRAW 中的文字除了直接使用🔤（文本工具）输入以外，还可以通过将各个元素进行组合来拼合文字。本例使用▢（矩形工具）绘制矩形并填充渐变色，再将渐变矩形进行文字图形的组合，具体操作流程如图 10-1 所示。

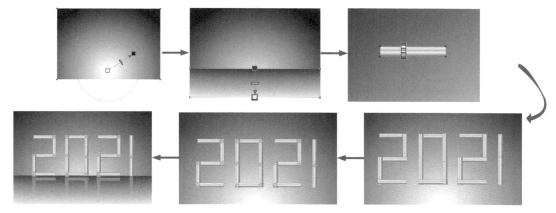

图 10-1　制作金属拼合字流程图

实例要点

▶ 新建文档

▶ 使用"矩形工具"绘制矩形

▶ 使用"交互式填充工具"填充渐变色

▶ 使用"阴影工具"添加阴影

▶ 垂直翻转图形

▶ 使用"转换为位图"命令

▶ 使用"透明度工具"设置渐变透明

操作步骤

步骤01 执行菜单栏中的"文件/新建"命令或按 Ctrl+N 组合键，打开"创建新文档"对话框，在对话框中所有的参数都采用默认选项，单击"确定"按钮，新建一个空白文档。

步骤02 使用▢（矩形工具）在文档中绘制一个矩形，选择矩形并在工具箱中选择◈（交互式填充工具），在属性栏中单击▨（渐变填充）按钮，再单击▨（椭圆形渐变填充）按钮，如图 10-2 所示。

图 10-2　属性栏

步骤03 使用鼠标在矩形上拖动填充渐变色，效果如图 10-3 所示。

步骤04 绘制一个小一点的矩形，使用 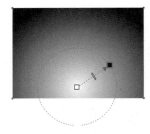（交互式填充工具）从上向下拖动填充"线性渐变色"，此时背景绘制完成，效果如图 10-4 所示。

图 10-3　填充渐变色　　　　　图 10-4　填充线性渐变色

步骤05 下面绘制金属效果。使用□（矩形工具）绘制矩形，选择 （交互式填充工具），在属性栏中单击■（渐变填充）按钮，再单击 （编辑填充）按钮，打开"编辑填充"对话框，其中的参数设置如图 10-5 所示。

步骤06 设置完成后单击"确定"按钮，填充渐变色后的效果如图 10-6 所示。

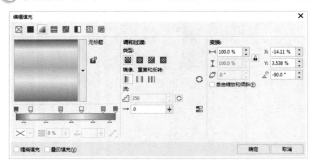

图 10-5　"编辑填充"对话框　　　　图 10-6　填充渐变色后的效果

步骤07 使用 （选择工具）对绘制的金属矩形进行复制和移动，过程如图 10-7 所示。

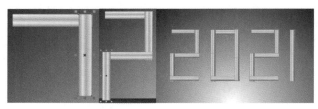

图 10-7　编辑绘制的金属矩形

步骤08 下面绘制金属螺丝效果。使用○（椭圆工具）绘制正圆，选择 （交互式填充工具），在属性栏中单击■（渐变填充）按钮，再单击 （编辑填充）按钮，打开"编辑填充"对话框，其中的参数设置如图 10-8 所示。

步骤09 设置完成后单击"确定"按钮，渐变填充后的效果如图 10-9 所示。

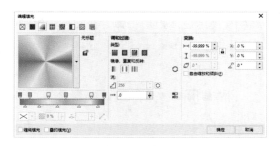

图 10-8　"编辑填充"对话框

步骤⑩ 复制正圆，将其缩小并旋转一定角度，如图 10-10 所示。

步骤⑪ 选择两个正圆，执行菜单栏中的"对象 / 组合 / 组合对象"命令或按 Ctrl+G 组合键，将正圆群组，再使用 （阴影工具）在图形中间向外拖动，为组合的正圆添加投影，效果如图 10-11 所示。

图 10-9　填充渐变后效果　　图 10-10　复制并缩小正圆　　图 10-11　添加投影

步骤⑫ 复制多个正圆，移动到相应位置，效果如图 10-12 所示。

步骤⑬ 框选整个金属字，复制一个副本，在属性栏中单击 （垂直镜像）按钮，移动到倒影位置处，效果如图 10-13 所示。

步骤⑭ 选择倒影金属字，执行菜单栏中的"位图 / 转换为位图"命令，打开"转换为位图"对话框，其中的参数设置如图 10-14 所示。

图 10-12　复制并编辑多个正圆　　图 10-13　倒影效果　　图 10-14　"转换为位图"对话框

步骤⑮ 单击"确定"按钮，将选择的图形转换为位图，再使用 （透明度工具）在位图上从下向上拖动为其添加渐变透明，效果如图 10-15 所示。

步骤⑯ 至此本例制作完成，最终效果如图 10-16 所示。

图 10-15　添加渐变透明效果　　图 10-16　最终效果图

实例 75　特效石头字

（实例思路）

　　文字不能直接应用滤镜效果，要想应用滤镜效果，必须先将其转换成位图。本例使用 字（文本工具）输入文字，拆分文字后将其重新组合，复制一个副本，使用 （立体化工具）创建立体效果，转换成位图后分别应用"彩色玻璃"和"炭笔画"滤镜，具体操作流程如图 10-17 所示。

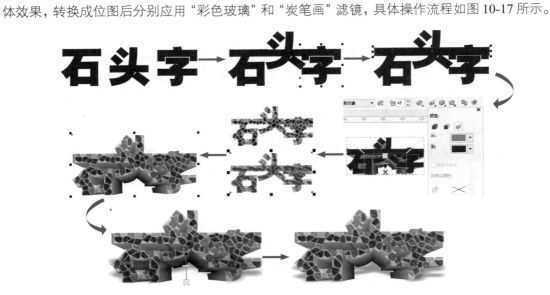

图 10-17　制作特效石头字流程图

实例要点 --

▶▶ 新建文档　　　　　　　　　　　　　▶▶ 应用"彩色玻璃"滤镜

▶▶ 使用"文本工具"输入文字　　　　　　▶▶ 应用"炭笔画"滤镜

▶▶ 拆分文字重新组合　　　　　　　　　▶▶ 应用"透明度工具"调整透明

▶▶ 使用"立体化工具"创建立体化效果　　▶▶ 应用"阴影工具"创建投影

▶▶ 将文字转换成位图

操作步骤 --

步骤01 执行菜单栏中的"文件 / 新建"命令或按 Ctrl+N 组合键，打开"创建新文档"对话框，在对话框中所有的参数都采用默认选项，单击"确定"按钮，新建一个空白文档。

步骤02 使用 字（文本工具）输入一个字体粗一点的文字，如图 10-18 所示。

步骤03 执行菜单栏中的"对象 / 拆分美术字"命令或按 Ctrl+K 组合键，使用 ▶（选择工具）将文字重新进行位置的调整，如图 10-19 所示。

图 10-18　输入文字 　　　　　　　图 10-19　调整文字位置

步骤04 使用 □（矩形工具）在文字上绘制一个黑色的矩形，效果如图 10-20 所示。

步骤05 框选所有对象，按 Ctrl+G 组合键将其进行群组，再复制一个文字副本以备后用，如图 10-21 所示。

图 10-20　绘制矩形　　　　图 10-21　编组并复制文字副本

步骤06 选择文字原图，使用 ⊞（立体化工具）在文字上向下拖动，为其添加立体化效果，如图 10-22 所示。

步骤07 在属性栏中设置"深度"为 45、"立体化颜色"为"使用递减的颜色"，再设置"从"为灰色、"到"为黑色，如图 10-23 所示。

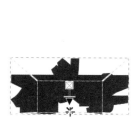

图 10-22　创建立体化效果　　　　图 10-23　设置立体化颜色

步骤08 选择文字副本，执行菜单栏中的"位图 / 转换为位图"命令，打开"转换为位图"对话框，设置"分辨率"为 150，选中"平滑处理"复选框和"透明背景"复选框，单击"确定"按钮，效果如图 10-24 所示。

步骤09 执行菜单栏中的"位图 / 创造性 / 彩色玻璃"命令，打开"彩色玻璃"对话框，其中的参数设置如图 10-25 所示。

图 10-24　将副本转换为位图　　　　图 10-25　"彩色玻璃"对话框

步骤10 设置完成后单击"确定"按钮，效果如图 10-26 所示。

步骤11 复制一个副本，执行菜单栏中的"位图 / 艺术笔触 / 炭笔画"命令，打开"炭笔画"对话框，其中的参数设置如图 10-27 所示。

图 10-26　应用"彩色玻璃"效果　　　　图 10-27　"炭笔画"对话框

步骤⑫ 设置完成后单击"确定"按钮，效果如图 10-28 所示。

步骤⑬ 将两个图形进行对齐，使用▓（透明度工具）设置"透明度"为 47，效果如图 10-29 所示。

步骤⑭ 将图形移动到创建立体化的文字上面，效果如图 10-30 所示。

  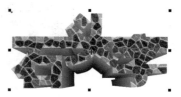

图 10-28　应用"炭笔画"效果　　　　图 10-29　设置透明度　　　　图 10-30　移动文字

步骤⑮ 使用▢（阴影工具）为图形添加阴影，效果如图 10-31 所示。

步骤⑯ 按 Ctrl+K 组合键拆分阴影，单独选择阴影，按 Ctrl+End 组合键将其放置到最后层。至此本例制作完成，最终效果如图 10-32 所示。

 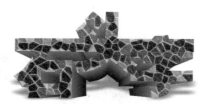

图 10-31　为文字添加阴影　　　　　图 10-32　最终效果图

实例76　重组排列字

（实例思路）--

　　输入文字拆分后，可以为其重新调整位置，以此来重组文字位置，通过图形也可以制作成文字效果。本例使用字（文本工具）输入文字，通过"拆分"命令将文字拆分成单个文字，通过矩形拼成一个数字"6"，再将其与文字进行重新组合排列，具体操作流程如图 10-33 所示。

图 10-33　重组排列字流程图

（**实例要点**）- -

▶ 新建文档　　　　　　　　　　　　▶ 通过"块阴影"工具制作块阴影

▶ 输入文字将其拆分　　　　　　　　▶ 拆分块阴影

▶ 使用"导入"命令导入素材　　　　　▶ 使用"透明度工具"设置渐变透明

▶ 使用"矩形工具"绘制矩形并将其拼贴成数字

- -

（**操作步骤**）- -

步骤01 执行菜单栏中的"文件 / 新建"命令或按 Ctrl+N 组合键，打开"创建新文档"对话框，在对话框中所有的参数都采用默认选项，单击"确定"按钮，新建一个空白文档。

步骤02 使用 字（文本工具）在页面中输入文字，如图 10-34 所示。

步骤03 按 Ctrl+K 组合键将文字拆分以备后用。使用 口（矩形工具）绘制一个黑色矩形，设置 4 个角的"圆角值"均为 6mm，如图 10-35 所示。

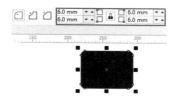

图 10-34　输入文字　　　　　　　　图 10-35　绘制圆角矩形

步骤04 复制一个副本将其缩小，框选两个圆角矩形，执行菜单栏中的"对象 / 造型 / 移除前面对象"命令，效果如图 10-36 所示。

步骤05 使用 口（矩形工具）绘制矩形，设置"圆角值"都为 6mm，效果如图 10-37 所示。

步骤06 复制一个副本，将其旋转 90°，再将其调短，效果如图 10-38 所示。

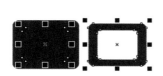

图 10-36　编辑两个圆角矩形　　　图 10-37　绘制圆角矩形　　图 10-38　复制并编辑副本

步骤07 将之前拆分的文字与矩形制作的"6"进行重组，再使用 字（文本工具）输入英文，效果如图 10-39 所示。

图 10-39　编辑文字

步骤08 执行菜单栏中的"文件 / 导入"命令，导入随书附带的"素材 \ 第 10 章 \ 水杯 .jpg"文件，如图 10-40 所示。

步骤 09 按 Ctrl+End 组合键将素材放置到最底层，再将重组的文字移动到素材上面，效果如图 10-41 所示。

步骤 10 使用 ◯（椭圆工具）绘制一个"轮廓宽度"为 2.5mm 的圆环，使用 字（文本工具）输入文字，效果如图 10-42 所示。

图 10-40　导入素材　　　　　图 10-41　移入文字　　　　图 10-42　绘制圆环并输入文字

步骤 11 将圆环颜色和文字颜色都设置成素材背景颜色，效果如图 10-43 所示。

步骤 12 将圆环和文字一同选取，按 Ctrl+G 组合键将其群组。使用 ◣（块阴影工具）为文字和圆环添加块阴影，效果如图 10-44 所示。

图 10-43　设置圆环和文字颜色　　　　图 10-44　添加块阴影

步骤 13 按 Ctrl+K 组合键拆分块阴影，使用 ▦（透明度工具）在块阴影上拖动，为其设置渐变透明，效果如图 10-45 所示。

步骤 14 至此本例制作完成，最终效果如图 10-46 所示。

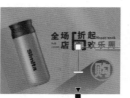
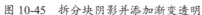

图 10-45　拆分块阴影并添加渐变透明　　　　图 10-46　最终效果图

实例 77　线条炫彩字

（实例思路）

　　使用 ◈（立体化工具）为文字创建立体化效果时，如果文字存在轮廓，就会在立体化文字上出现线条连接效果。本例通过导入素材后，应用"颜色平衡"和"通道混合器"命令调整图像色调，输入文字并将图片置入文字内，再使用 ◈（立体化工具）为文字创建立体化效果，具体操作流程如图 10-47 所示。

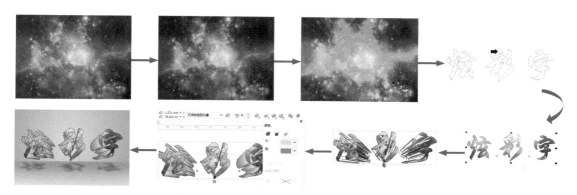

图 10-47　制作线条炫彩字流程图

（实例要点）

▶ 新建文档

▶ 通过"颜色平衡"命令调整位图色调

▶ 通过"通道混合器"命令调整位图色调

▶ 通过"置入图文框内部"命令将位图置入文字内

▶ 使用"交互式填充工具"填充矩形并将其作为背景

▶ 使用"导入"命令导入素材

▶ 使用"文本工具"输入文字

▶ 使用"立体化工具"创建立体效果

（操作步骤）

步骤01 执行菜单栏中的"文件 / 新建"命令或按 Ctrl+N 组合键，打开"创建新文档"对话框，在对话框中所有的参数都采用默认选项，设置完成后单击"确定"按钮，新建一个空白文档。

步骤02 执行菜单栏中的"文件 / 导入"命令，导入随书附带的"素材 \ 第 10 章 \ 星空 .jpg"文件，如图 10-48 所示。

步骤03 执行菜单栏中的"效果 / 调整 / 颜色平衡"命令，打开"颜色平衡"对话框，其中的参数设置如图 10-49 所示。

图 10-48　导入素材

步骤04 设置完成后单击"确定"按钮，效果如图 10-50 所示。

图 10-49　"颜色平衡"对话框

图 10-50　调整颜色平衡后效果

步骤05 执行菜单栏中的"效果 / 调整 / 通道混合器"命令，打开"通道混合器"对话框，其中的参数设置如图 10-51 所示。

步骤06 设置完成后单击"确定"按钮,效果如图 10-52 所示。

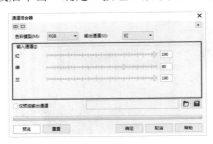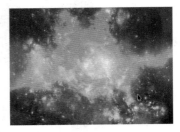

图 10-51 "通道混合器"对话框   图 10-52 设置通道混合器后效果

步骤07 使用 字 (文本工具)在文档中输入文字,清除文字的填充色,将轮廓设置为黑色,如图 10-53 所示。

步骤08 选择"星空"素材,执行菜单栏中的"效果 /PowerClip/ 置入图文框内部"命令,此时使用鼠标箭头在文字上单击,效果如图 10-54 所示。

图 10-53 输入文字   图 10-54 将素材置入图文框内

步骤09 单击鼠标后,执行菜单栏中的"效果 / PowerClip / 编辑 PowerClip"命令,将星空素材移动到文字相应区域,效果如图 10-55 所示。

步骤10 执行菜单栏中的"效果 / PowerClip / 完成编辑 PowerClip"命令完成编辑,效果如图 10-56 所示。

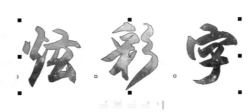

图 10-55 编辑内容   图 10-56 完成编辑

步骤11 使用 ⊞ (立体化工具)在文字上向下拖动产生立体化效果,如图 10-57 所示。

图 10-57 创建立体化效果

步骤12 在属性栏中设置"深度"为 30、"立体化颜色"为"使用递减的颜色",再设置"从"为粉色、"到"为橘色,如图 10-58 所示。

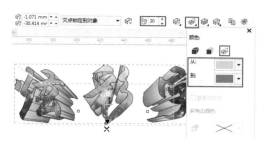

图 10-58　设置立体化颜色

步骤⑬ 使用□（矩形工具）在文档中绘制矩形，选择绘制的矩形，选择◇（交互式填充工具），在属性栏中单击▨（渐变填充）按钮，再单击▨（编辑填充）按钮，打开"编辑填充"对话框，其中的参数设置如图 10-59 所示。设置完成后单击"确定"按钮，完成填充后取消矩形的轮廓。

图 10-59　设置渐变填充效果

步骤⑭ 按 Ctrl+C 组合键复制，再按 Ctrl+V 组合键粘贴，复制一个矩形副本，将副本缩小。选择◇（交互式填充工具），在属性栏中单击▨（渐变填充）按钮，再单击▨（编辑填充）按钮，打开"编辑填充"对话框，其中的参数设置如图 10-60 所示。设置完成后单击"确定"按钮，完成填充后取消矩形的轮廓。

图 10-60　设置渐变色并填充矩形副本

步骤⑮ 将文字移到渐变矩形背景上，效果如图 10-61 所示。

步骤⑯ 使用▱（阴影工具）在文字的底部向下拖动产生投影效果，如图 10-62 所示。

步骤⑰ 添加投影后完成本例的制作，最终效果如图 10-63 所示。

图 10-61　移动文字　　　　　图 10-62　添加投影效果　　　　图 10-63　最终效果图

实例 78　雪覆盖文字

实例思路

　　冬天的北方下雪是非常常见的，大雪后会覆盖很多的物体，在计算机中通过 CorelDRAW 软件可以非常轻松地制作出雪覆盖文字的效果。本例通过打开素材，使用 ⊕（立体化工具）调整立体化方向，使用 ⌇（艺术笔工具）绘制笔触后转换成位图，再为其应用"散开"和"湿笔画"滤镜制作雪效果，具体操作流程如图 10-64 所示。

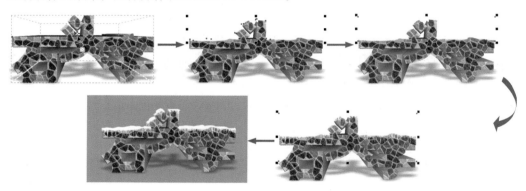

图 10-64　制作雪覆盖文字流程图

实例要点

▶▶ 使用"打开"命令打开文档　　　　　　▶▶ 使用"散开"滤镜

▶▶ 使用"立体化工具"改变立体方向　　　▶▶ 使用"湿笔画"滤镜

▶▶ 使用"艺术笔工具"绘制画笔　　　　　▶▶ 使用"橡皮擦工具"擦除部分区域

▶▶ 应用"转换为位图"命令

操作步骤

步骤 01 执行菜单栏中的"文件 / 打开"命令或按 Ctrl+O 组合键，打开之前制作的"特效石头字"

文档，如图 10-65 所示。

步骤02 使用 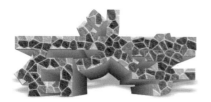（立体化工具）选择石头字中的立体化区域，将其改变立体化方向，效果如图 10-66 所示。

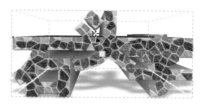

图 10-65　打开文档　　　　　　　　图 10-66　调整立体化方向

步骤03 选择 （艺术笔工具），在属性栏中单击 （表达式）按钮，然后在文字上绘制画笔，效果如图 10-67 所示。

步骤04 选择绘制的画笔，将其填充为白色，效果如图 10-68 所示。

图 10-67　绘制画笔　　　　　　　　图 10-68　填充画笔

步骤05 选择绘制的画笔，执行菜单栏中的"位图 / 转换为位图"命令，打开"转换为位图"对话框，设置"分辨率"为 150dpi，单击"确定"按钮将其转换为位图。执行菜单栏中的"位图 / 创造性 / 散开"命令，打开"散开"对话框，其中的参数设置如图 10-69 所示。

步骤06 设置完成后单击"确定"按钮，效果如图 10-70 所示。

图 10-69　"散开"对话框　　　　　　图 10-70　应用"散开"效果

步骤07 再执行菜单栏中的"位图 / 扭曲 / 湿笔画"命令，打开"湿笔画"对话框，其中的参数设置如图 10-71 所示。

步骤08 设置完成后单击"确定"按钮，效果如图 10-72 所示。

图 10-71　"湿笔画"对话框　　　　　图 10-72　应用"湿笔画"效果

步骤09 使用□（矩形工具）绘制一个带颜色的矩形，按 Ctrl+End 组合键将其调整到最后层，效果如图 10-73 所示。

步骤10 使用◙（橡皮擦工具）擦除雪后面的区域。至此本例制作完成，最终效果如图 10-74 所示。

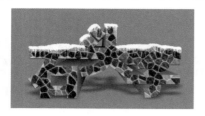 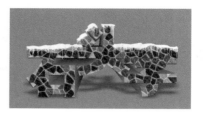

图 10-73 绘制矩形   图 10-74 最终效果图

实例 79 图形创建创意字

实例思路 --

通过图形和文字组合成的文本，非常具有创意。本例使用□（矩形工具）绘制矩形并填充渐变色作为背景，再应用字（文本工具）结合〇（椭圆工具）、✐（手绘工具）制作创意文本，具体操作流程如图 10-75 所示。

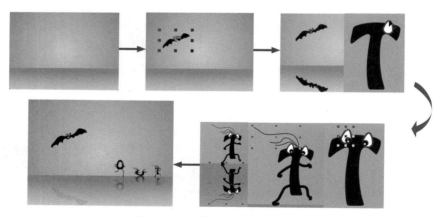

图 10-75 创建创意字流程图

实例要点 --

▶ 新建文档

▶ 使用"矩形工具"绘制矩形

▶ 使用"交互式填充工具"填充渐变色

▶ 应用"椭圆工具"绘制正圆

▶ 应用"将轮廓转换为对象"命令

▶ 使用"形状工具"调整形状

▶ 使用"手绘工具"绘制线条

▶ 使用"艺术笔工具"绘制画笔

▶ 翻转对象

▶ 使用"透明度工具"设置透明度

（操作步骤）------

步骤01 执行菜单栏中的"文件 / 新建"命令或按 Ctrl+N 组合键，打开
"创建新文档"对话框，在对话框中所有的参数都采用默认选项，设
置完成后单击"确定"按钮，新建一个空白文档。

步骤02 使用口（矩形工具）在文档中绘制一个矩形，如图 10-76 所示。

步骤03 选择◇（交互式填充工具），在属性栏中单击▣（渐变填充）
按钮，再单击▣（编辑填充）按钮，打开"编辑填充"对话框，其中

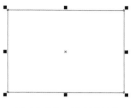

图 10-76 绘制矩形

的参数设置如图 10-77 所示。设置完成后单击"确定"按钮，完成填充后取消矩形的轮廓。

图 10-77 设置渐变填充后效果

步骤04 按 Ctrl+C 组合键复制，再按 Ctrl+V 组合键粘贴，复制一个矩形副本并将其缩小，在工
具箱中选择◇（交互式填充工具），在属性栏中单击▣（渐变填充）按钮，再单击▣（编辑填
充）按钮，打开"编辑填充"对话框，其中的参数设置如图 10-78 所示。设置完成后单击"确定"
按钮。

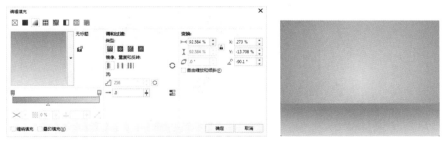

图 10-78 设置渐变色并填充矩形副本

步骤05 在工具箱中选择↳（艺术笔工具），在属性栏中单击▣（喷涂）按钮，选择"类型"为"其
他"，找到"蝙蝠"笔触图案，如图 10-79 所示。

步骤06 在文档中拖动，绘制出一个蝙蝠图案，将蝙蝠移到背景上，如图 10-80 所示。

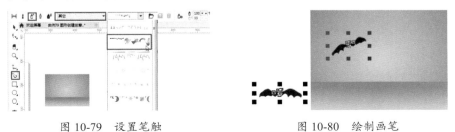

图 10-79 设置笔触　　　　　　　　　　　　图 10-80 绘制画笔

步骤 07 执行菜单栏中的"对象 / 拆分艺术笔群组"命令，选择拆分后的路径并将其删除，如图 10-81 所示。

图 10-81　删除打散后的路径

步骤 08 选择蝙蝠，复制一个副本，单击属性栏中的 ▣（垂直镜像）按钮，将翻转后的图像移到背景底部并填充黑色，如图 10-82 所示。

步骤 09 使用 ▨（透明度工具）设置"不透明度"为 91，如图 10-83 所示。

步骤 10 此时非文字的区域制作完成，下面来制作创意文字的效果。在文档中输入字母"T"，再使用 ○（椭圆工具）在文字上面绘制白色椭圆，效果如图 10-84 所示。

图 10-82　翻转蝙蝠　　　图 10-83　设置不透明度　　　图 10-84　输入文字并绘制椭圆

步骤 11 按 Ctrl+Q 组合键将轮廓转换为曲线，使用 ▨（形状工具）调整椭圆形状，效果如图 10-85 所示。

步骤 12 使用 ○（椭圆工具）在形状上绘制黑色正圆和白色正圆，完成一只眼睛的制作。使用同样的方法制作另一只眼睛，效果如图 10-86 所示。

图 10-85　调整形状　　　图 10-86　绘制眼睛

步骤 13 使用 ▨（手绘工具）在文字边缘绘制手、脚和头发，效果如图 10-87 所示。

图 10-87　绘制手、脚和头发

步骤 14 使用 ▨（选择工具）框选整个文字，向下拖动选择的文字，单击鼠标右键复制一个副本，单击属性栏中的 ▣（垂直镜像）按钮，效果如图 10-88 所示。

步骤 15 分别选择手、脚、头发和眼睛，执行菜单栏中的"对象 / 将轮廓转换为对象"命令，再执行菜单栏中的"对象 / 造型 / 合并"命令，将对象变为一个整体，效果如图 10-89 所示。

步骤⑯ 使用▨（透明度工具）在倒影处从上向下拖动为对象添加线性渐变透明，效果如图 10-90 所示。

步骤⑰ 使用同样的方法制作另外的两个文字。至此本例制作完成，最终效果如图 10-91 所示。

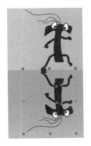 

图 10-88　绘制手、脚　　图 10-89　合并

图 10-90　添加透明效果　　　　图 10-91　最终效果图

本章练习与习题

练习

输入文字后将其转换成曲线，再对形状进行调整。

习题

1. 下图为输入完成、选中状态的文字，由图可判断它属于（　　　）。

    A. 美术字　　　　　　　　　　　B. 段落文字

    C. 既不是美术字，也不是段落文字　D. 可能是美术字，也可能是段落文字

2. 在图中，是选中对象的状态，这说明（　　　）。

    A. 在其他的文本框中有链接的文本　　B. 在这个文本框中还有没展开的文字

    C. 这个已经不是文字，而被转换为曲线了　D. 只是表示当前这个文本块被选中，没有其他含义

第11章

企业形象设计

企业形象设计又称 CI 设计。

CIS 简称 CI，全称 Corporate Identity System，译为企业识别系统，意译为"企业形象统一战略"。这是指一个企业为了获得社会的理解与信任，将其企业的宗旨和产品包含的企业文化内涵传达给公众，从而建立自己的视觉体系形象系统。

本章内容

▶ 标志设计　　　　▶ 工作 T 恤设计

▶ 名片设计　　　　▶ 工作优盘设计

▶ 纸杯设计

学习企业形象设计应对以下几点进行了解：

▶▶ 设计理念与作用　　　　　　　　　　▶▶ 企业标志的表现形式

▶▶ CIS 的具体组成部分　　　　　　　　▶▶ VI 欣赏

▶▶ 企业标志的概念

设计理念与作用：

将企业文化与经营理念统一设计，利用整体表达体系（尤其是视觉表达系统），传达给企业内部与公众，使其对企业产生一致的认同感，以形成良好的企业印象，最终促进企业产品和服务的推广。CIS 的作用主要分为对内与对外两部分。

对内，企业可通过 CI 设计对其办公系统、生产系统、管理系统，以及营销、包装、广告等宣传形象形成规范设计和统一管理，由此调动企业每个职员的积极性和归属感、认同感，使各职能部门能各司其职、有效合作。

对外，通过一体化的符号形式来形成企业的独特形象，便于公众辨别、认同企业形象，促进企业产品或服务的推广。

CIS 的具体组成部分：

CI 系统由 MI（Mind Identity，理念识别）、BI（Behavior Identity，行为识别）、VI（Visual Identity，视觉识别）三方面组成。其核心是 MI，它是整个 CIS 的最高决策层，为整个系统奠定了理论基础和行为准则，并通过 BI 与 VI 表达出来。所有的行为活动与视觉设计都是围绕着 MI 这个中心展开的，成功的 BI 与 VI 就是将企业的独特精神准确地表达出来。

企业理念，对内影响企业的决策、活动、制度、管理等，对外影响企业的公众形象、广告宣传等。所谓 MI，是指确立企业自己的经营理念，企业对目前和将来一定时期的经营目标、经营思想、经营方式和营销状态进行总体规划和界定。

MI 主要内容包括企业精神、企业价值观、企业文化、企业信条、经营理念、经营方针、市场定位、产业构成、组织体制、管理原则、社会责任和发展规划等。

BI 直接反映了企业理念的个性和特殊性，包括对内的组织管理和教育、对外的公共关系、促销活动、资助社会性的文化活动等。

VI 是企业的视觉识别系统，包括基本要素（企业名称、企业标志、标准字、标准色、企业造型等）和应用要素（产品造型、办公用品、服装、招牌、交通工具等），通过具体符号的视觉传达设计，直接进入人脑，留下对企业的视觉影像。

企业标志的概念：

企业标志承载着企业的无形资产，是企业综合信息传递的媒介。标志作为企业 CIS 战略的最主要部分，在企业形象传递过程中，是应用最广泛、出现频率最高，同时也是最关键的元素。企业强大的整体实力、完善的管理机制、优质的产品和服务，都被涵盖于标志中，通过不断的刺激和反复刻画，深深地留在受众心中。企业标志，可分为企业自身的标志和商品标志。

企业标志的表现形式：

标志的设计形式主要是由文字、图形两大要素构成的。运用不同的要素或由二者相结合是组成标志的基础，并由此派生出标志的不同种类。文字类标志包括汉字类标志与拉丁字母类标志；图形类标志包括具象图形标志和抽象图形标志；由文字和图形结合又构成了表现形式众多的综合类标志。

VI 欣赏：

实例 80　标志设计

（实例思路） --

本例制作的 Logo 是一款金融行业的标志，因为金融内容大多数都与钱有关，所以我们绘制了一个中国古代的钱币作为主体，加上具有寓意的钱袋和托盘融入图形，最后加上合成的文字，完成整个 Logo 的设计，思路如图 11-1 所示。

图 11-1　Logo 设计思路

通过绘制正圆和矩形并对其应用"简化"命令，制作古钱币的形状，再通过"合并"命令制作出钱袋，并将钱袋与调整的矩形应用"简化"命令，完成标志的主体部分，然后使用正圆和矩形制作托盘，最后合成文字，制作出最终效果，具体流程如图 11-2 所示。

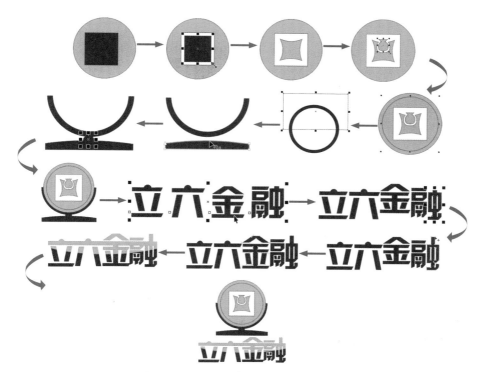

图 11-2 制作 Logo 流程图

(实例要点) --

▶ 新建文档

▶ 使用"椭圆工具"绘制正圆

▶ 使用"矩形工具"绘制矩形

▶ 应用"简化"命令

▶ 应用"移除前面对象"命令

▶ 应用"相交"命令

▶ 应用"合并"命令

▶ 将图形转换成曲线

▶ 将轮廓转换成对象

▶ 使用"形状工具"调整图形形状

(操作步骤) --

1. 钱币主体部分的制作

步骤01 执行菜单栏中的"文件 / 新建"命令或按 Ctrl+N 组合键,打开"创建新文档"对话框,在对话框中所有的参数都采用默认选项,单击"确定"按钮,新建一个空白文档。

步骤02 使用○(椭圆工具)绘制一个正圆,将正圆填充为橘色,使用□(矩形工具)绘制一个矩形,效果如图 11-3 所示。

步骤03 框选两个图形,执行菜单栏中的"对象 / 对齐与分布 / 对齐与分布"命令,打开"对齐与分布"泊坞窗,单击"水平居中对齐"和"垂直居中对齐"按钮,如图 11-4 所示。

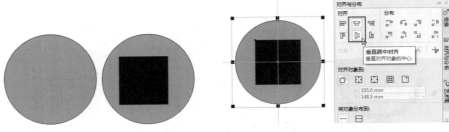

图 11-3　绘制正圆和矩形　　　　　图 11-4　对齐图形

步骤 04 执行菜单栏中的"对象 / 造型 / 简化"命令，将简化后的矩形缩小，按 Ctrl+Q 组合键将其转换成曲线，使用 （形状工具）调整直线为曲线，效果如图 11-5 所示。

步骤 05 调整转换后的矩形，再将其填充为橘色，效果如图 11-6 所示。

步骤 06 使用 （椭圆工具）绘制一个椭圆，按 Ctrl+Q 组合键将其转换成曲线，使用 （形状工具）调整曲线形状，如图 11-7 所示。

图 11-5　编辑简化后的矩形　　　　图 11-6　填充矩形　　　　图 11-7　绘制椭圆并调整形状

步骤 07 使用 （多边形工具）绘制一个三角形，将其与椭圆一同选取，执行菜单栏中的"对象 / 造型 / 合并"命令，将其合并为一个整体，效果如图 11-8 所示。

步骤 08 将合并后的图形移动到矩形上面，再将其与矩形一同选取，执行菜单栏中的"对象 / 造型 / 简化"命令，将简化后的对象缩小，再将其填充为橘色，效果如图 11-9 所示。

步骤 09 使用 （椭圆工具）绘制一个正圆轮廓线，此时钱币主体部分绘制完成，效果如图 11-10 所示。

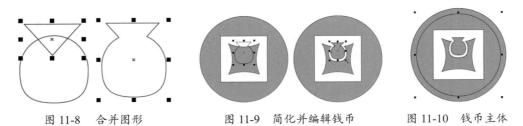

图 11-8　合并图形　　　　图 11-9　简化并编辑钱币　　　　图 11-10　钱币主体

2. 托盘部分的制作

步骤 01 使用 （椭圆工具）绘制一个黑色正圆轮廓线，设置"轮廓宽度"为 5.0mm，效果如图 11-11 所示。

步骤 02 执行菜单栏中的"对象 / 将轮廓转换为对象"命令或按 Ctrl+Shift+Q 组合键，将绘制的轮廓线转换成对象，如图 11-12 所示。

步骤 03 使用 （矩形工具）绘制一个矩形，将矩形与圆环一同选取，执行菜单栏中的"对象 /

造型 / 移除前面对象"命令，效果如图 11-13 所示。

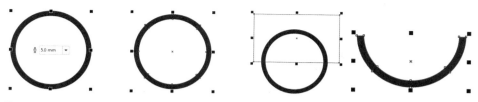

图 11-11　绘制正圆　图 11-12　转换成对象　　图 11-13　移除前面的对象

步骤 04 在底部使用 ▢（矩形工具）绘制一个黑色矩形，按 Ctrl+Q 组合键将其转换成曲线，使用 ◣（形状工具）调整矩形的形状，效果如图 11-14 所示。

步骤 05 使用 ◯（椭圆工具）绘制一个黑色椭圆，将两个图形进行连接，效果如图 11-15 所示。

步骤 06 框选图形，按 Ctrl+G 组合键将其群组，并移动到钱币主体上面，按 Ctrl+End 组合键将其放置到最后一层，此时托盘部分制作完成，效果如图 11-16 所示。

图 11-14　绘制并调整矩形 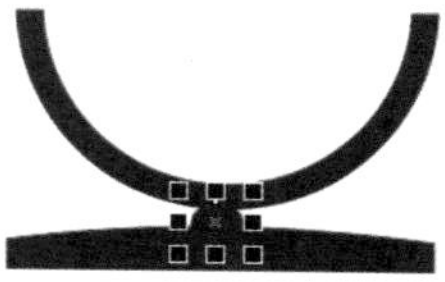　　　图 11-15　绘制椭圆 　图 11-16　合并托盘和钱币效果

3. 文字部分的制作

步骤 01 使用 字（文本工具）输入文字"立六金融"，按 Ctrl+K 组合键拆分文字，然后移动文字的位置，效果如图 11-17 所示。

图 11-17　输入并编辑文字

步骤 02 选择"融"字，按 Ctrl+Q 组合键将其转换成曲线，效果如图 11-18 所示。

步骤 03 复制一个"融"字，使用 ▢（矩形工具）分别在两个"融"字上绘制矩形，效果如图 11-19 所示。

图 11-18　转换成曲线

图 11-19　在"融"字上绘制矩形

步骤 04 选择上面的矩形和文字，执行菜单栏中的"对象 / 造型 / 移除前面对象"命令，效果如图 11-20 所示。

步骤 05 选择下面的矩形和文字，执行菜单栏中的"对象/造型/相交"命令，得到一个相交对象，并将其填充为黑色，再将其移动到上面，删除下面的矩形和文字，效果如图 11-21 所示。

图 11-20　移除前面的对象效果 　　　　图 11-21　相交后效果

步骤 06 使用 （形状工具）选择"虫"字图形顶部的两个节点，将其向上拖动，效果如图 11-22 所示。

图 11-22　调整"虫"字

步骤 07 选择"金"字，按 Ctrl+Q 组合键将其转换成曲线，使用 （形状工具）选择节点并向下拖动，效果如图 11-23 所示。

图 11-23　调整"金"字

步骤 08 再使用 （形状工具）选择"金"字两个节点，向下拖动，效果如图 11-24 所示。

图 11-24　调整后的效果

步骤 09 使用 （矩形工具）在文字中绘制一个贯通的黑色矩形，效果如图 11-25 所示。

步骤 10 框选所有文字区域，执行菜单栏中的"对象/造型/合并"命令，将其变为一个对象，效果如图 11-26 所示。

图 11-25　绘制矩形 　　　　图 11-26　合并为一个对象

步骤 11 使用 （椭圆工具）绘制一个椭圆，将其与后面的文字一同选取，执行菜单栏中的"对象/造型/相交"命令得到一个相交对象，将其填充为橘色并删除椭圆，此时文字部分制作完成，效果如图 11-27 所示。

步骤 12 将文字部分移动到钱币的下面。至此本例制作完成，最终效果如图 11-28 所示。

图 11-27　文字部分效果图

图 11-28　最终效果图

实例 81　名片设计

名片的设计要求

　　名片是现代社会中应用较为广泛的一种交流工具，也是现代交际中不可或缺的展现个性风貌的必备工具，名片的标准尺寸为 90mm×55mm、90mm×50mm 和 90mm×45mm。但是加上名片上、下、左、右各 3mm 的出血，制作尺寸则必须设定为 96×61mm、96mm×56mm、96mm×51mm。设计名片时还要确定名片上所要印刷的内容。名片的主体是名片上所提供的信息，名片信息主要有姓名、工作单位、电话、手机号、职称、地址、网址、E-mail、经营范围、企业的标志、图片、公司的企业语等。

实例思路

　　本例以上一例设计的 Logo 为前提，为公司人员设计一款属于自己风格的名片样式。首先为绘制的矩形应用"添加杂点"和"旋涡"滤镜，再为其设置不透明度，以此作为名片的背景；其次在背景上加上文字的布局，名片的正反面色调搭配要一致，这样会增加整体感，同时有助于加深客户品牌记忆，具体制作流程如图 11-29 所示。

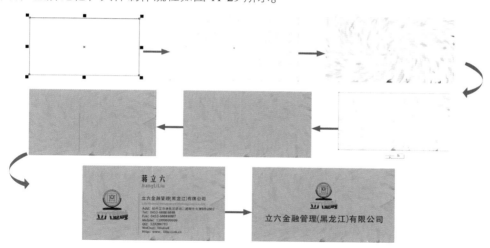

图 11-29　制作名片设计流程图

实例要点

▶▶ 新建文档

▶▶ 使用"矩形工具"绘制矩形

▶▶ 将矩形转换成位图

▶▶ 应用"添加杂点"滤镜效果

▶▶ 应用"旋涡"滤镜效果

▶▶ 使用"透明度工具"设置透明度

▶▶ 移入 Logo

▶▶ 输入文字

（操作步骤）———

1. 名片正面的制作

步骤①1 执行菜单栏中的"文件 / 新建"命令或按 Ctrl+N 组合键，打开"创建新文档"对话框，在对话框中所有的参数都采用默认选项，设置完成后单击"确定"按钮，新建一个空白文档。

步骤②2 使用□（矩形工具）在文档中绘制一个"宽度"为 96mm，"高度"为 51mm 的白色矩形，效果如图 11-30 所示。

步骤③3 将绘制的白色矩形转换成位图。执行菜单栏中的"位图 / 杂点 / 添加杂点"命令，打开"添加杂点"对话框，其中的参数设置如图 11-31 所示。

步骤④4 设置完成后单击"确定"按钮，效果如图 11-32 所示。

图 11-30　绘制矩形　　　　图 11-31　"添加杂点"对话框　　　图 11-32　添加杂点后效果

步骤⑤5 执行菜单栏中的"位图 / 创造性 / 旋涡"命令，打开"旋涡"对话框，其中的参数设置如图 11-33 所示。

步骤⑥6 设置完成后单击"确定"按钮，效果如图 11-34 所示。

步骤⑦7 使用□（矩形工具）绘制一个与背景大小一致的白色矩形，使用▨（透明度工具）设置不透明度，如图 11-35 所示。

图 11-33　"旋涡"对话框　　图 11-34　应用"旋涡"滤镜后效果　图 11-35　绘制矩形并调整不透明度

步骤⑧8 复制一个副本，将其填充为黑色，效果如图 11-36 所示。

步骤⑨9 使用□（矩形工具）绘制两个橘色矩形，使用◯（多边形工具）绘制一个橘色三角形，效果如图 11-37 所示。

步骤⑩10 打开之前制作的 Logo 文档，选择其中的标志将其粘贴到当前文档中，再调整大小和位置，效果如图 11-38 所示。

图 11-36　复制矩形并填充黑色　　图 11-37　绘制矩形和三角形　　　图 11-38　移入 Logo

步骤⑪ 使用**字**（文本工具）在页面中输入文字。至此名片正面制作完成，最终效果如图 11-39 所示。

2. 名片背面的制作

图 11-39 名片正面效果

步骤① 框选整个名片，复制一个副本，删除上面的文字和中间的橘色矩形，如图 11-40 所示。

步骤② 将 Logo 移动到中间位置并调整大小，使用**字**（文本工具）输入文字。至此名片背面制作完成，最终效果如图 11-41 所示。

图 11-40 删除文字和矩形　　　图 11-41 名片背面效果

实例 82   纸杯设计

（实例思路）------------------------------------

对于一个金融企业来说，纸杯不但是用来装液体的量具，还是企业作为对外宣传的一种载体。本实例的纸杯配色以标志中的橘色、黑色作为辅助色，制作展开效果主要以**面**（虚拟段删除工具）对椭圆和直线之间的分割来创建形状，再移入标志和为曲线进行描边；纸杯正视图以矩形进行更改，填充渐变色后移入素材并描边曲线，最后通过"置于图文框内部"命令制作最终效果，具体操作流程如图 11-42 所示。

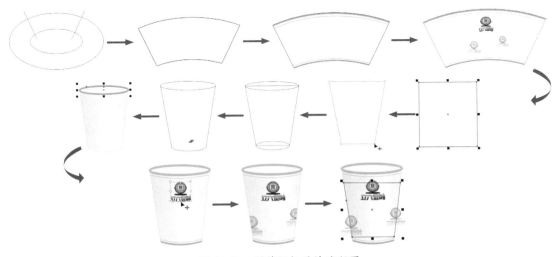

图 11-42 制作纸杯设计流程图

实例要点

- ▶ 新建文档
- ▶ 使用"椭圆工具"绘制椭圆
- ▶ 使用"手绘工具"绘制直线
- ▶ 使用"虚拟段删除工具"删除多余线段
- ▶ 调整轮廓宽度
- ▶ 使用"封套工具"对标志进行变形
- ▶ 使用"3 点椭圆工具"绘制椭圆
- ▶ 使用"矩形工具"绘制矩形
- ▶ 转换为曲线
- ▶ 应用"置于图文框内部"命令

操作步骤

1. 纸杯展开图的制作

步骤01 执行菜单栏中的"文件 / 新建"命令或按 Ctrl+N 组合键,打开"创建新文档"对话框,在对话框中所有的参数都采用默认选项,单击"确定"按钮,新建一个空白文档。

步骤02 使用 ◯(椭圆工具)绘制椭圆,复制椭圆并将其缩小,再使用 ✎(手绘工具)绘制两条斜线,效果如图 11-43 所示。

步骤03 使用 ⭐(虚拟段删除工具)在多余的线段上单击将其删除,效果如图 11-44 所示。

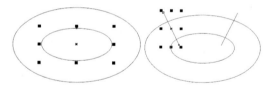

图 11-43　绘制椭圆和直线段

图 11-44　删除多余线段

步骤04 选择上面的曲线,将轮廓颜色填充为橘色,设置"轮廓宽度"为 2.5mm,再复制一条曲线并将其向下移动,使用 ✎(形状工具)调整两边,效果如图 11-45 所示。

步骤05 使用同样的方法制作杯底区域,效果如图 11-46 所示。

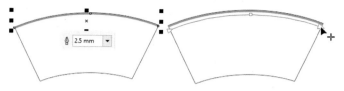

图 11-45　编辑曲线

图 11-46　制作杯底

步骤06 打开之前制作的 Logo,将其复制到当前文档中并调整大小和位置,效果如图 11-47 所示。

步骤07 使用 ▨(封套工具)在属性栏中单击 ◻(单弧模式)按钮,然后调整控制点,将直线调整为圆弧,效果如图 11-48 所示。

图 11-47　移入 Logo

步骤⑧ 在属性栏中单击□（直线模式）按钮，再调整左右最上面的控制点，效果如图 11-49 所示。

步骤⑨ 复制一个之前制作的 Logo，将其填充为灰色，再将其移动到展开杯子上面。至此纸杯展开图制作完成，效果如图 11-50 所示。

图 11-48　调整单弧　　　　　　图 11-49　调整直线　　　　　　图 11-50　纸杯展开图

2. 纸杯正视图的制作

步骤① 使用□（矩形工具）在页面中绘制一个矩形，如图 11-51 所示。

步骤② 执行菜单栏中的"对象/转换为曲线"命令或按 Ctrl+Q 组合键，将绘制的矩形转换成曲线，使用 ⬟（形状工具）调整矩形曲线，如图 11-52 所示。

步骤③ 使用 ⬟（3 点椭圆工具）在顶端和底部分别绘制一个椭圆，如图 11-53 所示。

图 11-51　绘制矩形　　　　图 11-52　调整矩形　　　　图 11-53　绘制椭圆

步骤④ 使用 ⬟（虚拟段删除工具）删除多余的线条，如图 11-54 所示。

步骤⑤ 使用 ⬟（智能填充工具）为杯身随意填充一种颜色，如图 11-55 所示。

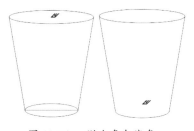

图 11-54　删除多余线条　　　　　　图 11-55　填充杯身

步骤⑥ 选择杯身，使用 ⬟（交互式填充工具），在属性栏中单击 ▦（线性渐变填充）按钮，再单击 ⬟（编辑填充）按钮，打开"编辑填充"对话框，设置参数如图 11-56 所示。

步骤⑦ 设置完成后单击"确定"按钮，效果如图 11-57 所示。

步骤⑧ 选择上面的椭圆，设置"轮廓颜色"为橘色、"轮廓宽度"为 2 mm，按 Ctrl+Shift+Q

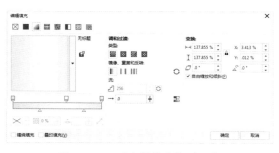

图 11-56　"编辑填充"对话框

组合键将轮廓转换为对象，然后使用 ■（轮廓图工具）将对象进行调整，效果如图 11-58 所示。

图 11-57　填充后效果　　　　　　图 11-58　椭圆填充后效果

步骤 09　选择白色椭圆，使用 ◇（交互式填充工具）为椭圆填充线性渐变色，效果如图 11-59 所示。

步骤 10　使用 ◢（钢笔工具）绘制 3 条曲线，将"轮廓颜色"填充为橘色，将最底部的曲线"轮廓宽度"设置为 2.5mm，效果如图 11-60 所示。

图 11-59　线性渐变填充效果　　　　图 11-60　绘制并编辑曲线

步骤 11　选择底部的曲线，按 Ctrl+Shift+Q 组合键将轮廓转换为对象，使用 ◣（形状工具）调整曲线对象，效果如图 11-61 所示。

步骤 12　移入 Logo 并调整大小和位置。选择 図（封套工具），在属性栏中单击 ◻（单弧模式）按钮，将 Logo 的上下两面调整成弧形，效果如图 11-62 所示。

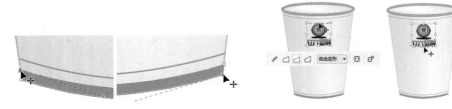

图 11-61　调整曲线　　　　　　　　图 11-62　调整 Logo

步骤 13　再单击 ◻（直线模式）按钮，将 Logo 底部的两端向外拖动，效果如图 11-63 所示。

步骤 14　移入 Logo 调整大小和位置后，将填充设置为灰色，复制一个副本，效果如图 11-64 所示。

步骤 15　使用 ◢（钢笔工具）绘制一个封闭梯形，如图 11-65 所示。

图 11-63　调整 Logo 底部　　　图 11-64　复制副本　　　图 11-65　绘制梯形

步骤⑯ 选择两个灰色图标，执行菜单栏中的"对象/PowerClip/置于图文框内部"命令，此时鼠标指针变为一个箭头符号，使用箭头在梯形上单击，如图 11-66 所示。

步骤⑰ 选择梯形，在"颜色表"中右击⊠（无填充）按钮去掉轮廓。至此纸杯正视图制作完成，最终效果如图 11-67 所示。

图 11-66　置于图文框内部　　　　图 11-67　纸杯正视图

实例 83　工作 T 恤设计

实例思路

很多餐饮企业的服务员都有自己的工作服。本例为餐厅服务员设计一款 T 恤作为工作服，首先以🖋（钢笔工具）绘制衣服的外轮廓形状，再通过🖼（智能填充工具）对局部进行颜色填充，移入标志改变文字颜色，具体操作流程如图 11-68 所示。

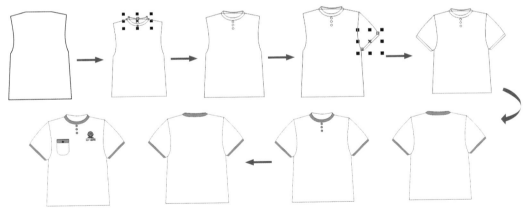

图 11-68　制作工作 T 恤设计流程图

实例要点

▶▶ 新建文档
▶▶ 使用"钢笔工具"绘制轮廓
▶▶ 调整图形顺序

▶▶ 将图形转换成曲线并调整形状
▶▶ 使用"智能填充工具"为图形局部上色

（操作步骤）--

步骤01 执行菜单栏中的"文件/新建"命令或按 Ctrl+N 组合键，打开"创建新文档"对话框，在对话框中所有的参数都采用默认选项，设置完成后单击"确定"按钮，新建一个空白文档。

步骤02 使用 （钢笔工具）在文档上绘制 T 恤主身轮廓，如图 11-69 所示。

步骤03 绘制衣领。使用 （椭圆工具）绘制椭圆，按 Ctrl+Q 组合键将其转换成曲线，使用 （形状工具）调整形状，效果如图 11-70 所示。

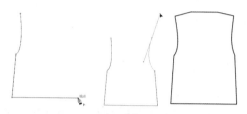
图 11-69 绘制 T 恤轮廓

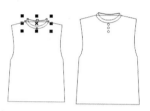
图 11-70 绘制衣领

步骤04 绘制衣袖。使用 （钢笔工具）绘制曲线和直线，效果如图 11-71 所示。

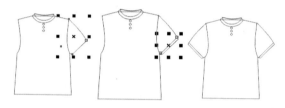
图 11-71 绘制衣袖

步骤05 使用同样的方法绘制衣服背面，效果如图 11-72 所示。

步骤06 使用 （智能填充工具）为对象填充砖红色，效果如图 11-73 所示。

图 11-72 绘制衣服背面

图 11-73 填充颜色

步骤07 在 T 恤正面绘制一个下面"圆角值"为 3mm 的圆角矩形，复制并将其缩小，将缩小后的矩形填充为砖红色，再绘制一个橘色正圆，效果如图 11-74 所示。

步骤08 将之前制作的图标导入到衣服前面。至此本例制作完成，最终效果如图 11-75 所示。

图 11-74 绘制衣服口袋

图 11-75 最终效果图

实例 84　工作优盘设计

（实例思路） --

　　优盘是当今工作中不可或缺的一种辅助工具，其不仅可以进行辅助办公，还可以作为企业对外宣传的一种载体。本实例的优盘配色以绿色调为主色，黑色为辅助色，通过□（矩形工具）绘制优盘的主体，再通过◐（调和工具）和◙（轮廓图工具）制作出立体效果，应用"相交"命令制作相交区域并设置不透明度，具体操作流程如图 11-76 所示。

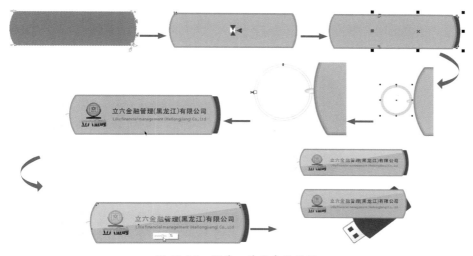

图 11-76　制作工作优盘流程图

（实例要点） --

▶▶ 新建文档

▶▶ 绘制圆角矩形

▶▶ 将图形转换为曲线并使用"形状工具"
　　调整形状

▶▶ 通过"调和工具"制作立体效果

▶▶ 调整图形顺序

▶▶ 渐变填充图形

▶▶ 通过"轮廓图工具"制作立体圆环

（操作步骤） --

步骤01 执行菜单栏中的"文件 / 新建"命令或按 Ctrl+N 组合键，打开"创建新文档"对话框，在对话框中所有的参数都采用默认选项，设置完成后单击"确定"按钮，新建一个空白文档。

步骤02 使用□（矩形工具）绘制一个绿色圆角矩形并去掉轮廓，按 Ctrl+Q 组合键将其转换为曲线，再使用◣（形状工具）调整两边的曲线，如图 11-77 所示。

图 11-77　绘制并编辑矩形

步骤 03 按 Ctrl+D 组合键得到一个副本,将副本缩小并将其填充为草绿色,效果如图 11-78 所示。

步骤 04 使用 (调和工具)在两个对象之间拖动,为其添加立体调和效果,如图 11-79 所示。

步骤 05 复制前面的草绿色矩形,将其填充为黑色,调整形状后按 Ctrl+End 组合键将其放置到最后一层,如图 11-80 所示。

图 11-78　填充副本　　　　图 11-79　添加调和效果　　　　图 11-80　改变图形顺序

步骤 06 在左面使用 (椭圆工具)绘制一个椭圆,并为其添加一个从白色到灰色的"椭圆形渐变",按 Ctrl+End 组合键将其放置到最后一层,效果如图 11-81 所示。

步骤 07 使用 (椭圆工具)绘制一个正圆,设置"轮廓宽度"为 2mm,如图 11-82 所示。

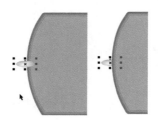
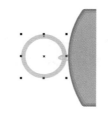

图 11-81　绘制并编辑椭圆　　　　图 11-82　绘制圆形

步骤 08 按 Ctrl+Shift+Q 组合键将轮廓转换为对象。使用 (轮廓图工具)将边缘向内部拖动,创建立体轮廓图,按 Ctrl+End 组合键将其放置到最后一层,效果如图 11-83 所示。

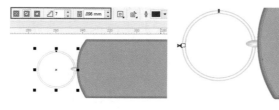

图 11-83　创建立体轮廓图

步骤 09 移入之前绘制的 Logo,再输入公司全称,效果如图 11-84 所示。

步骤 10 使用 (钢笔工具)绘制一个封闭对象,效果如图 11-85 所示。

图 11-84　移入 Logo 并输入文字　　　　图 11-85　绘制封闭对象

步骤 11 选择草绿色图形,复制一个副本,将其与后边绘制的封闭对象一同选取,执行菜单栏中的"对象/造型/相交"命令,将相交区域填充为白色,再删除多余部分,如图 11-86 所示。

图 11-86　相交后效果

步骤⑫ 使用▦（透明度工具）设置不透明度，效果如图 11-87 所示。

图 11-87　设置不透明度

步骤⑬ 复制一个优盘副本，将后面的黑色对象进行旋转，效果如图 11-88 所示。

步骤⑭ 绘制圆角矩形，填充线性渐变色，如图 11-89 所示。

 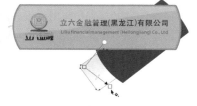

图 11-88　旋转黑色对象　　　　　图 11-89　绘制并编辑圆角矩形

步骤⑮ 复制一个副本将其进行翻转并缩小，效果如图 11-90 所示。

步骤⑯ 绘制黑色矩形和灰色线条。至此本例制作完成，最终效果如图 11-91 所示。

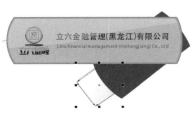 

图 11-90　复制并编辑副本　　　　　图 11-91　最终效果图

第 12 章

UI 设计与制作

UI（User Interface）即用户界面，UI 设计是指对软件的人机交互、操作逻辑、界面美观的整体设计。它是系统和用户之间进行交互和信息交换的媒介，能实现信息的内部形式与人类可以接受的形式之间的转换。好的 UI 设计不仅让软件变得有个性、有品位，还要让软件的操作变得舒适、简单和自由，充分体现软件的定位和特点。

本章内容

▶ 扁平相机 UI 图标　　　▶ 桌面 UI 界面
▶ 音乐播放 UI 界面

学习广告设计应对以下几点进行了解：

▶ UI 界面的分类　　　　　　　▶ UI 界面的设计原则

▶ UI 界面的色彩基础　　　　　▶ UI 界面设计欣赏

UI 界面的分类：

UI 界面在设计时根据界面的具体内容可以大体分为以下几类。

1. 环境性 UI 界面

环境性 UI 界面所包含的内容非常广泛，涵盖政治、经济、文化、娱乐、科技、民族和宗教等领域。

2. 功能性 UI 界面

功能性 UI 界面是最常见的网页类型。它的主要目的就是展示各种商品和服务的特性及功能，以吸引用户消费。我们常见的各种购物 UI 界面和各个公司的 UI 界面基本都属于功能性界面。

3. 情感性界面

情感性界面并不是指 UI 内容，而是指界面通过配色和版式构建出某种强烈的情感氛围，引起浏览者的认同和共鸣，从而达到预期目的的一种表现手法。

UI 界面的色彩基础：

UI 界面设计与其他的设计一样，也十分注重色彩的搭配，想要为界面搭配出专业的色彩，给人一种高端、上档次的感受，就需要对色彩基础知识有所了解。

视觉所感知的一切色彩形象，都具有明度、色相和纯度（饱和度）三种性质，这三种性质是色彩最基本的构成元素。

色彩主要分为两大类：有彩色和无彩色。有彩色是指诸如红、绿、蓝、青、洋红和黄等具有色相属性的颜色；无彩色则指黑、白和灰等中性色。

UI 界面的设计原则：

UI 设计是一个系统化整套的设计工程，看似简单，其实不然，在这套"设计工程"中一定要按照设计原则进行设计。UI 的设计原则主要有以下几点。

1. 简易性

在整个 UI 设计的过程中一定要注意设计的简易性，界面的设计一定要简洁、易用且好用，让用户便于使用及了解，并能最大限度地减少选择性的错误。

2. 一致性

一款成功的 UI 应用应该拥有一个优秀的界面，同时也是所有优秀界面所具备的共同特点，应用界面的应用必须清晰一致，风格与实际应用内容相同，所以在整个设计过程中应保持一致性。

3. 提升用户的熟知度

用户在第一时间内接触到界面时必须是之前所接触到或者已掌握的知识，新的应用绝对不能超过一般常识，比如，无论是拟物化的写实图标设计，还是扁平化的界面，都要以用户所掌握的知识为基准。

4. 可控性

可控性在设计过程中起到了先决性的作用，在设计之初就要考虑到用户想要做什么，需要做什么，而此时在设计中就要加入相应的操控提示。

5. 记性负担最小化

一定要科学地分配应用中的功能说明，力求操作最简化，从人脑的思维模式出发，不要打破传统的思维方式，不要给用户增加思维负担。

6. 从用户的角度考虑

想用户所想，思用户所思，研究用户的行为。因为大多数用户是不具备专业知识的，他们往往只习惯于从自身的行为习惯出发进行思考和操作，因此，在设计的过程中要把自己当作用户，以切身体会去设计。

7. 顺序性

一款产品的应用应该在功能上按一定规律进行排列，一方面可以让用户在极短的时间内找到自己需要的功能，而另一方面可以拥有直观的简洁易用的感受。

8. 安全性

任何应用在用户进行切身体会和自由选择操作时，他所做出的这些动作都应该是可逆的。比如，在用户做出一个不恰当或者错误操作时，应当有危险信息介入。

9. 灵活性

快速高效及整体满意度在用户看来都是人性化的体验，在设计过程中需要尽可能地考虑到特殊用户群体的操作体验。比如，色盲、语言障碍者等，这一点可以在 iOS 操作系统上得到最直观的感受。

UI 界面设计欣赏：

实例 85　扁平相机 UI 图标

（实例思路） -

本例主要讲解扁平相机 UI 图标的制作，此款图标的外观清爽、简洁，彩虹条的装饰使这款深色系的镜头最终效果漂亮且沉稳。本例通过□（矩形工具）绘制圆角矩形，为其填充渐变色，再应用"相交"命令，为相交区域填充颜色和设置透明度，具体操作流程如图 12-1 所示。

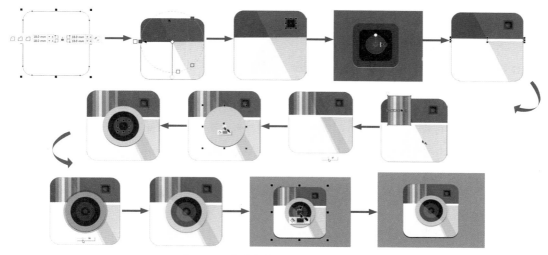

图 12-1　扁平相机 UI 图标流程图

（实例要点） -

▶▶ 新建文档　　　　　　　　　　　　　　▶▶ 应用"相交"命令

▶▶ 使用"矩形工具"绘制圆角矩形　　　　▶▶ 复制并缩小图形

▶▶ 设置图形渐变色　　　　　　　　　　　▶▶ 调整图形透明度

▶▶ 应用"属性滴管工具"复制渐变属性　　▶▶ 使用"块阴影工具"添加块阴影

（操作步骤） -

步骤 01 执行菜单栏中的"文件 / 新建"命令或按 Ctrl+N 组合键，打开"创建新文档"对话框，在对话框中所有的参数都采用默认选项，设置完成后单击"确定"按钮，新建一个空白文档。

步骤 02 使用□（矩形工具）在页面中绘制一个矩形，设置"圆角值"为 18.0mm，如图 12-2 所示。

步骤 03 选择◇（交互式填充工具），在属性栏中单击▨（圆锥形渐变填充）按钮，再单击▨（编辑填充）按钮，打开"编辑填充"对话框，其中的参数设置如图 12-3 所示。

步骤 04 设置完成后单击"确定"按钮，效果如图 12-4 所示。

步骤 05 使用□（矩形工具）在页面中绘制一个矩形，设置"圆角值"为 3.0mm，如图 12-5 所示。

步骤 **06** 将圆角矩形复制一个副本并填充为深灰色，将副本向上移动，效果如图 12-6 所示。

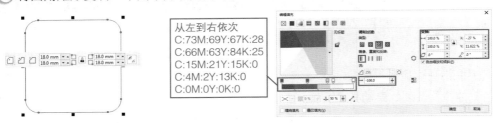

从左到右依次
C:73M:69Y:67K:28
C:66M:63Y:84K:25
C:15M:21Y:15K:0
C:4M:2Y:13K:0
C:0M:0Y:0K:0

图 12-2　绘制矩形　　　　　　　　　　图 12-3　"编辑填充"对话框

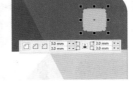

图 12-4　填充渐变色　　　图 12-5　绘制圆角矩形　　图 12-6　复制并编辑圆角矩形

步骤 **07** 再复制一个副本，将其缩小后填充为黑色，效果如图 12-7 所示。

步骤 **08** 使用○（椭圆工具）在黑色圆角矩形中绘制一个正圆，选择◇（交互式填充工具），在属性栏中单击▧（椭圆形渐变填充）按钮，再单击▧（编辑填充）按钮，打开"编辑填充"对话框，其中的参数设置如图 12-8 所示。

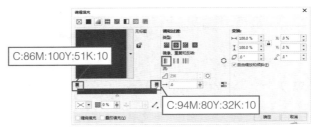

C:86M:100Y:51K:10

C:94M:80Y:32K:10

图 12-7　编辑再复制的副本　　　　　　图 12-8　"编辑填充"对话框

步骤 **09** 设置完成后单击"确定"按钮，去掉正圆的轮廓，效果如图 12-9 所示。

步骤 **10** 使用▯（钢笔工具）在图形上绘制一个封闭的图形，效果如图 12-10 所示。

步骤 **11** 使用▶（选择工具）将封闭图形和后面的深灰色圆角矩形一同选取，执行菜单栏中的"对象/造型/相交"命令，得到一个相交区域，将相交区域填充为白色，如图 12-11 所示。

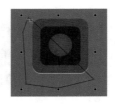

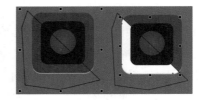

图 12-9　填充后效果　　　图 12-10　绘制图形　　　图 12-11　相交后效果

步骤 **12** 删除封闭图形，选择相交区域，按 Ctrl+Home 组合键将其移动到最前面，如图 12-12 所示。

步骤 **13** 使用▨（透明度工具）设置不透明度为 91，效果如图 12-13 所示。

步骤⑭ 使用□（矩形工具）在页面中绘制一个白色矩形，效果如图 12-14 所示。

步骤⑮ 使用□（矩形工具）在左上角处绘制一个矩形，效果如图 12-15 所示。

图 12-12　调整顺序　　　图 12-13　设置透明度　　　图 12-14　绘制白色矩形　　图 12-15　绘制矩形

步骤⑯ 选择◇（交互式填充工具），在属性栏中单击▨（线性渐变填充）按钮，再单击▨（编辑填充）按钮，打开"编辑填充"对话框，其中的参数设置如图 12-16 所示。

步骤⑰ 设置完成后单击"确定"按钮，效果如图 12-17 所示。

步骤⑱ 使用▶（选择工具）将矩形和后面的圆角矩形一同选取，执行菜单栏中的"对象/造型/相交"命令，得到一个相交区域，将矩形移动到边上，效果如图 12-18 所示。

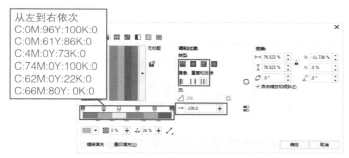 

图 12-16　"编辑填充"对话框　　　　图 12-17　填充图形　图 12-18　相交后效果

步骤⑲ 使用✐（属性滴管工具）在渐变矩形上单击，再将鼠标指针在相交区域单击，效果如图 12-19 所示。

步骤⑳ 去掉相交区域的轮廓，使用✒（钢笔工具）在图形上绘制一个封闭的图形，使用▶（选择工具）将封闭图形和后面的深灰色圆角矩形一同选取，执行菜单栏中的"对象/造型/相交"命令，得到一个相交区域，将相交区域填充为黑色，效果如图 12-20 所示。

图 12-19　复制属性　　　　　图 12-20　绘制并编辑封闭图形

步骤㉑ 删除封闭图形，选择相交区域，使用▨（透明度工具）设置不透明度为 87，效果如图 12-21 所示。

步骤㉒ 使用○（椭圆工具）绘制一个灰色正圆，效果如图 12-22 所示。

步骤㉓ 使用◣（块阴影工具）为正圆添加块阴影，效果如图 12-23 所示。

图 12-21　设置透明度　　图 12-22　绘制正圆　　图 12-23　添加块阴影

步骤 24 使用 ○（椭圆工具）依次绘制黑色和深灰色的圆形，效果如图 12-24 所示。

图 12-24　绘制两个圆

步骤 25 选择右上角的渐变正圆，复制一个副本并将其放置到中间位置，效果如图 12-25 所示。

步骤 26 使用 ○（椭圆工具）绘制一个黑色正圆，使用 ▦（透明度工具）设置不透明度为 68，设置"合并模式"为红，效果如图 12-26 所示。

图 12-25　复制并编辑圆形　　图 12-26　绘制并编辑黑色正圆

步骤 27 使用 ✎（钢笔工具）在图形上绘制一个封闭图形，使用 ▶（选择工具）将封闭图形和后面的深灰色圆角矩形一同选取，执行菜单栏中的"对象 / 造型 / 相交"命令，得到一个相交区域，将相交区域填充为白色，如图 12-27 所示。

步骤 28 删除封闭图形，去掉相交区域的轮廓，效果如图 12-28 所示。

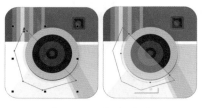

图 12-27　相交图形　　　　图 12-28　删除多余区域

步骤 29 使用 □（矩形工具）绘制一个灰色矩形，按 Ctrl+End 组合键将其放置到最底层，框选对象去掉轮廓，效果如图 12-29 所示。

步骤 30 使用 ◣（块阴影工具）为圆角矩形添加块阴影，效果如图 12-30 所示。

步骤 31 至此本例制作完成，最终效果如图 12-31 所示。

图 12-29 绘制矩形

图 12-30 添加块阴影

图 12-31 最终效果图

实例 86 音乐播放 UI 界面

（实例思路） -

音乐播放 UI 界面，是我们见到的最多 UI 界面中的一种。音乐播放界面在设计时要先考虑的是整体的布局和配色，配色要保持整体一致。本例首先使用◯（椭圆工具）绘制椭圆并将其填充渐变色，再通过"旋转"变换泊坞窗进行旋转复制，以此制作背景边缘部分，中心位置同样绘制正圆，并将调和对象放置到正圆路径上，最后插入字符完成效果的制作，具体操作流程如图 12-32 所示。

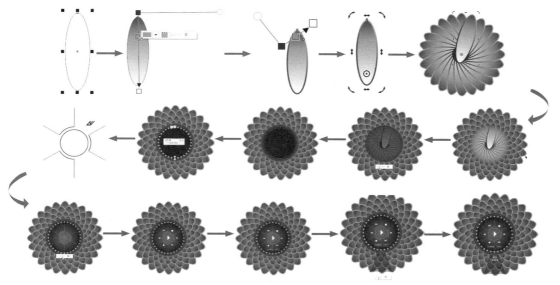

图 12-32 音乐播放 UI 界面流程图

（实例要点） -

▶ 新建文档

▶ 使用"交互式填充工具"填充渐变色

▶ 将轮廓转换成对象并为其填充渐变色

▶ 通过"旋转"变换泊坞窗旋转复制对象

▶▶ 使用"椭圆工具""手绘工具"
　　绘制椭圆和直线

▶▶ 使用"钢笔工具"绘制图形

▶▶ 输入文字

▶▶ 使用"虚拟段删除工具"删除线条

▶▶ 使用"透明度工具"设置透明度

操作步骤

步骤01 执行菜单栏中的"文件 / 新建"命令或按 Ctrl+N 组合键，打开"创建新文档"对话框，在对话框中所有的参数都采用默认选项，设置完成后单击"确定"按钮，新建一个空白文档。

步骤02 使用 ◯（椭圆工具）在页面中绘制一个椭圆，效果如图 12-33 所示。

步骤03 使用 ◈（交互式填充工具）在椭圆上从上向下拖动鼠标填充线性渐变色，效果如图 12-34 所示。

步骤04 在渐变线上双击添加渐变控制色块，将色块填充为青色，效果如图 12-35 所示。

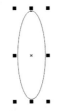
图 12-33　绘制椭圆

图 12-34　填充渐变色

图 12-35　设置渐变

> **技巧：**为图形添加渐变色后，在渐变线上双击可以快速添加渐变色，在渐变色块上双击鼠标，可以取消此色块。

步骤05 在属性栏中设置"轮廓宽度"为 2.0mm，效果如图 12-36 所示。

步骤06 执行菜单栏中的"对象 / 将轮廓转换为对象"命令或按 Ctrl+Shift+Q 组合键，将轮廓转换成对象，如图 12-37 所示。

步骤07 使用 ◈（交互式填充工具）在外框上拖动鼠标，为其填充渐变色，如图 12-38 所示。

图 12-36　设置轮廓宽度

图 12-37　将轮廓转换成对象

图 12-38　填充渐变色

步骤08 框选两个对象，按 Ctrl+G 组合键将其群组，单击，调出变换框并调整旋转中心点，效果如图 12-39 所示。

步骤09 执行菜单栏中的"对象 / 变换 / 旋转"命令，打开"旋转"变换泊坞窗，设置"角度"为 15°，其他参数不变，单击"应用"按钮，将图形进行旋转复制，效果如图 12-40 所示。

图 12-39　设置旋转中心点　　　图 12-40　旋转复制

步骤⑩ 单击"应用"按钮数次，直到旋转复制一周为止，效果如图 12-41 所示。

步骤⑪ 框选所有对象，按 Ctrl+G 组合键将其群组，按 Ctrl+C 组合键复制，按 Ctrl+V 组合键粘贴，复制一个副本，将其缩小后单击调出旋转变换框，将缩小的对象进行旋转，效果如图 12-42 所示。

步骤⑫ 使用同样的方法再复制两个副本，效果如图 12-43 所示。

图 12-41　旋转复制一周　　图 12-42　复制并缩小后旋转　　图 12-43　复制并编辑副本

步骤⑬ 使用○（椭圆工具）绘制一个黑色正圆，再使用▩（透明度工具）设置不透明度为 34，效果如图 12-44 所示。

步骤⑭ 使用○（椭圆工具）绘制一个黑色正圆，将"轮廓颜色"设置为青色，再使用○（椭圆工具）绘制一个"填充"为"无"、"轮廓颜色"为白色的正圆，效果如图 12-45 所示。

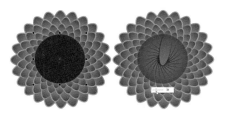 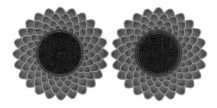

图 12-44　绘制正圆并调整透明度　　　　　图 12-45　绘制正圆

步骤⑮ 在图形边上使用○（椭圆工具）绘制一个正圆，选择◇（交互式填充工具），在属性栏中单击▩（椭圆形渐变填充），去掉正圆的轮廓，效果如图 12-46 所示。

步骤⑯ 复制一个正圆，使用◎（调和工具）将两个正圆创建调和，效果如图 12-47 所示。

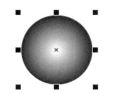 

图 12-46　绘制并编辑正圆　　　　图 12-47　添加调和效果

步骤⑰ 单击 ⊩ (路径属性) 按钮，在弹出的下拉菜单中选择"新建路径"命令，使用鼠标指针在绘制的正圆轮廓上单击，将调和对象放置到新路径上，效果如图 12-48 所示。

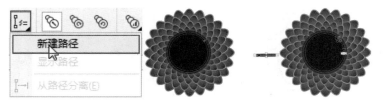

图 12-48　新建路径

步骤⑱ 单击 ⊛ (更多调和选项) 按钮，在弹出的下拉菜单中选择"沿全路径调和"命令，效果如图 12-49 所示。

步骤⑲ 在属性栏中设置 ⊡ (调和步长) 为 30，效果如图 12-50 所示。

步骤⑳ 使用 ○ (椭圆工具) 在图形中心位置绘制一个正圆，使用 ◇ (交互式填充工具) 为正圆填充一个由青色和黑色组成的椭圆渐变，效果如图 12-51 所示。

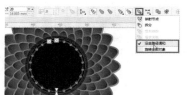
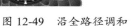

图 12-49　沿全路径调和　　　　图 12-50　设置步长　　　图 12-51　绘制并编辑正圆

步骤㉑ 使用 ▨ (透明度工具) 为渐变正圆设置不透明度为 38，效果如图 12-52 所示。

步骤㉒ 在图形边上使用 ○ (椭圆工具) 绘制两个正圆，使用 ⌇ (手绘工具) 绘制一条直线，效果如图 12-53 所示。

步骤㉓ 选择直线，在"旋转"变换泊坞窗中设置"角度"为 60°，单击两次"应用"按钮，效果如图 12-54 所示。

图 12-52　设置透明度　图 12-53　绘制正圆和直线　　　图 12-54　旋转复制效果

步骤㉔ 使用 ⋒ (虚拟段删除工具) 删除多余线段，效果如图 12-55 所示。

步骤㉕ 将剩余的部分拖曳到图形的中间位置，将轮廓设置为白色，效果如图 12-56 所示。

步骤㉖ 使用 ▨ (透明度工具) 设置不透明度为 64，效果如图 12-57 所示。

步骤㉗ 执行菜单栏中的"文本/插入字符"命令，打开"插入字符"泊坞窗，设置"字体"为 Webdings，选择一些播放的字符符号，将其拖曳到图形上并将其填充为白色，效果如图 12-58 所示。

步骤㉘ 使用 □（矩形工具）绘制黑色矩形，设置"轮廓颜色"为白色，使用 ▨（透明度工具）设置不透明度为 57，效果如图 12-59 所示。

图 12-55　删除多余线段　　　图 12-56　移动图形　　图 12-57　调整透明度

图 12-58　插入字符　　　　　　　图 12-59　绘制并编辑矩形

步骤㉙ 使用 字（文本工具）输入白色文字，效果如图 12-60 所示。

步骤㉚ 使用 ✎（钢笔工具）绘制一个封闭图形，将其填充为黑色，设置"轮廓颜色"为白色，效果如图 12-61 所示。

步骤㉛ 使用 ▨（透明度工具）设置不透明度为 57，效果如图 12-62 所示。

步骤㉜ 至此本例制作完成，最终效果如图 12-63 所示。

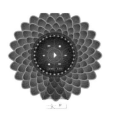

图 12-60　输入文字　　图 12-61　绘制并编辑封闭图形　　图 12-62　设置透明度　　图 12-63　最终效果图

实例 87　桌面 UI 界面

（实例思路）- -

　　通过精彩的背景及主界面视觉再设计，使用户对传统的桌面有一个全新的认识和体验。本例的制作相对简单，只需要在整体的排版布局上稍加注意，再对素材应用"置入图文框内部"命令，将素材设置成合适大小即可，具体操作流程如图 12-64 所示。

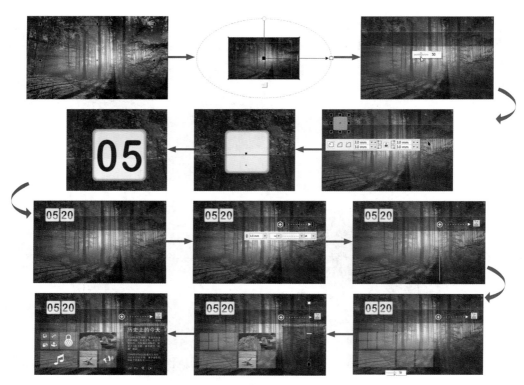

图 12-64　制作桌面 UI 界面流程图

实例要点

▸▸ 新建文档

▸▸ 使用"矩形工具""椭圆工具"
　　绘制矩形和正圆

▸▸ 设置不透明度

▸▸ 应用"相交"命令

▸▸ 使用"插入字符"泊坞窗插入字符符号

▸▸ 导入素材

▸▸ 通过"置于图文框内部"命令将素材
　　放置到矩形内

▸▸ 设置圆角矩形

▸▸ 使用"文本工具"输入文字

操作步骤

步骤01 执行菜单栏中的"文件 / 新建"命令或按 Ctrl+N 组合键，打开"创建新文档"对话框，在对话框中所有的参数都采用默认选项，设置完成后单击"确定"按钮，新建一个空白文档。

步骤02 执行菜单栏中的"文件 / 导入"命令，置入随书附带的"素材 \ 第 12 章 \ 丛林 .jpg"文件，效果如图 12-65 所示。

图 12-65　导入素材

步骤03 使用□（矩形工具）在素材上绘制一个矩形框，如图 12-66 所示。

步骤 04 选择素材，执行菜单栏中的"对象 /PowerClip/ 置于图文框内部"命令，使用鼠标箭头在矩形上单击，将素材放置到矩形内，如图 12-67 所示。

图 12-66　绘制矩形　　　　　　　　　图 12-67　将素材置于矩形内

步骤 05 执行菜单栏中的"对象 /PowerClip/ 编辑 PowerClip"命令，进入编辑状态，使用 □（矩形工具）绘制一个与素材大小一致的黑色矩形，使用 ▦（透明度工具）编辑黑色矩形的渐变透明度，效果如图 12-68 所示。

步骤 06 执行菜单栏中的"对象 /PowerClip/ 完成编辑 PowerClip"命令完成编辑，效果如图 12-69 所示。

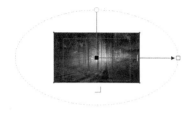

图 12-68　绘制并编辑矩形

步骤 07 使用 □（矩形工具）绘制一个黑色矩形，将"轮廓颜色"设置为白色，使用 ▦（透明度工具）设置不透明度为 50，效果如图 12-70 所示。

步骤 08 使用 □（矩形工具）绘制一个灰色矩形，在属性栏中设置"圆角值"为 3.0mm，效果如图 12-71 所示。

图 12-69　完成编辑　　　　图 12-70　编辑透明度　　　　图 12-71　绘制圆角矩形

步骤 09 复制圆角矩形，将其缩小并填充为淡灰色，使用 ◔（调和工具）为两个圆角矩形设置调和效果，在属性栏中设置 ⬚（调和步长）为 1，如图 12-72 所示。

步骤 10 选择最前面的圆角矩形并复制一个副本，使用 □（矩形工具）绘制一个矩形，效果如图 12-73 所示。

步骤 11 将矩形和圆角矩形一同选取，执行菜单栏中的"对象 / 造型 / 相交"命令，得到一个相交区域，将其填充为白色，效果如图 12-74 所示。

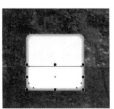

图 12-72　设置调和　　　　　　图 12-73　绘制矩形　　　图 12-74　相交效果

步骤⑫ 删除多余图形，使用字（文本工具）输入文字，效果如图 12-75 所示。

步骤⑬ 选择相交的区域，按 Ctrl+Home 组合键将其放置到最顶层，使用▨（透明度工具）设置不透明度为 50，效果如图 12-76 所示。

步骤⑭ 复制图形，得到一个副本并将其向右拖动，使用字（文本工具）改变数字，效果如图 12-77 所示。

图 12-75　输入文字图　　　12-76　编辑相交区域　　　图 12-77　复制并改变文字

步骤⑮ 使用□（矩形工具）绘制两个白色矩形，将其组成十字，再使用○（椭圆工具）绘制一个白色正圆轮廓，设置"轮廓宽度"为 1.5mm，效果如图 12-78 所示。

步骤⑯ 使用（手绘工具）绘制一条白色直线，设置"轮廓宽度"为 1.5mm、"样式"为虚线，设置终点箭头，效果如图 12-79 所示。

步骤⑰ 执行菜单栏中的"文件 / 导入"命令，置入随书附带的"素材 \ 第 12 章 \ 卡通 .jpg"文件，效果如图 12-80 所示。

图 12-78　绘制矩形和正圆　　　图 12-79　绘制并设置直线　　　图 12-80　导入素材

步骤⑱ 使用（手绘工具）绘制一条白色直线，效果如图 12-81 所示。

步骤⑲ 使用▨（透明度工具）从上向下拖动鼠标，为直线添加渐变透明，效果如图 12-82 所示。

步骤⑳ 使用□（矩形工具）绘制白色矩形，将矩形进行布局排列，使用▨（透明度工具）设置不透明度为 79，效果如图 12-83 所示。

图 12-81　绘制直线　　　图 12-82　设置渐变透明　　　图 12-83　绘制矩形并设置透明度

步骤㉑ 执行菜单栏中的"文件 / 导入"命令，置入随书附带的"素材 \ 第 12 章 \ 海边 .jpg"文件，执行菜单栏中的"对象 /PowerClip/ 置于图文框内部"命令，使用鼠标箭头在矩形上单击，将素材放置到矩形内，效果如图 12-84 所示。

步骤㉒ 执行菜单栏中的"文件 / 导入"命令，置入随书附带的"素材 \ 第 12 章 \ 海星 .jpg"文件，执行菜单栏中的"对象 /PowerClip/ 置于图文框内部"命令，使用鼠标箭头在矩形上单击，将素材放置到矩形内，效果如图 12-85 所示。

图 12-84　编辑"海边"素材　　　　　图 12-85　编辑"海星"素材

步骤23 使用□（矩形工具）绘制一个黑色矩形，使用▨（透明度工具）从上向下拖动鼠标，为矩形添加渐变透明，效果如图 12-86 所示。

图 12-86　绘制矩形并添加渐变透明

步骤24 使用字（文本工具）在文档中输入文字，效果如图 12-87 所示。

步骤25 执行菜单栏中的"文本 / 插入字符"命令，打开"插入字符"泊坞窗，设置"字体"为 Webdings，选择一些播放的字符符号，将其拖曳到图形上并将其填充为白色，效果如图 12-88 所示。

图 12-87　输入文字　　　　　图 12-88　插入字符

步骤26 至此本例制作完成，最终效果如图 12-89 所示。

图 12-89　最终效果图

习题答案

第 1 章

1. A   2. A   3. B

第 2 章

1. A   2. D

第 3 章

1. C   2. B   3. B

第 4 章

1. C   2. A

第 5 章

1. A   2. ABD

第 6 章

1. A   2. A

第 7 章

1. D   2. ABCDE

第 8 章

1. D   2. D   3. B

第 9 章

1. B   2. D   3. D

第 10 章

1. B   2. B